5G ZHINENG ZHONGDUAN
YINGYONG YU KAIFA

5G智能终端
应用与开发

王叶南◎主编

海洋出版社

2024年·北京

图书在版编目（CIP）数据

5G 智能终端应用与开发 / 王叶南主编 . — 北京：海洋出版社, 2024. 7. — ISBN 978-7-5210-1273-6

Ⅰ . TN87

中国国家版本馆 CIP 数据核字第 2024VN8552 号

责任编辑：刘　斌
责任印制：安　淼

海洋出版社　出版发行

http：//www.oceanpress.com.cn

北京市海淀区大慧寺路 8 号　邮编：100081
涿州市殷润文化传播有限公司印刷　新华书店经销
2024 年 7 月第 1 版　2024 年 7 月第 1 次印刷
开本：787mm×1092mm　1/16　印张：15.75
字数：235 千字　定价：98.00 元
发行部：010-62100090　总编室：010-62100034

海洋版图书印、装错误可随时退换

前 言

近年来，5G 技术迎来高速发展，已经逐渐成为网络基础建设的热点话题，其理念是以物联网、大数据和云计算作为支撑，确立一种基于新型通信标准的现代化科技发展模式。5G 终端作为 5G 应用的关键平台和控制中心，为终端设备与人工智能等新兴技术的融合提供了物理实现基础。5G 通信技术在智能终端主要应用在嵌入式计算机视觉、语音合成、智能推荐等方面，实现储存、处理、传输等智能化应用，成为现如今工业和社会生产领域的中流砥柱。在 5G 时代，智能终端有着光明的前景，城市智能化、工业智能、医疗卫生等领域将形成新的市场需求和应用空间。5G 智能终端的发展也将促进理论与实践相结合，为通信技术发展打下坚实基础。

本书介绍了 5G 智能终端的应用与开发。全书共分为 7 章。第 1 章为 5G 终端模块的状态查询，通过 AT 指令查询终端的 IMEI、SN、SIM 卡类型；第 2 章为 5G 终端模块 AT 指令脚本编写，介绍了 AT 指令软件的使用方法和 5G 终端模块设置类 AT 指令脚本的编写方法；第 3 章为 5G 终端模块通信业务实验，采用 5G 终端模块完成拨打电话、发送短信、无线上网功能的开发；第 4 章为工程参数分析实验，介绍了 5G 终端模块工程模式下服务小区信息的含义、获取工程参数的方法和各参数的详细含义；第 5 章为 App 实验，介绍了 JAVA 软件的安装，基于 5G 终端实现拨打电话、发送短信、无线上网功能 App 的开发；第 6 章为 Android 应用程序开发实验，Android 应用程序开发主要是手机、平板应用程序的开发，并介绍了游戏开发的过程；第 7 章为智能手机实验开发系统驱动开发和测试实验，介绍了结合外设系统驱动程序的开发。

本书在编写过程中得到了武汉易思达科技有限公司的大力支持，同时广泛参考了相关技术文献，在此表示衷心感谢。5G 智能终端的开发与应用越来越广泛，有些内容、观点尚不成熟，同时由于作者水平有限，书中难免存在一些缺点和错误，敬请读者批评指正。

2024 年 6 月

王叶南

目 录

第1章 5G 终端模块状态查询

1.1 5G 终端模块初始化 AT 指令测试实验

一、实验目的

1. 掌握 AT 指令基础知识及分类
2. 掌握 5G 终端模块初始化 AT 指令的内容
3. 掌握 5G 终端模块初始化 AT 指令的流程

二、实验设备

1. 5G 智能终端实验开发平台　　1 个
2. 5G SIM 卡　　1 张
3. PC 机　　1 台

三、实验内容

1. 熟悉 AT 指令软件使用方法
2. 利用 AT 指令完成对 5G 终端模块的初始化

四、实验原理

1. AT 指令介绍及用法

（1）AT 指令

AT 即 Attention，AT 指令集是从终端设备（Terminal Equipment，TE）或数据终端设备（Data Terminal Equipment，DTE）向终端适配器（Terminal Adapter，TA）或数据电路终端设备（Data Circuit Terminal Equipment，DCE）发送的。通过 TA，TE 发送 AT 指令来控制移动台（Mobile Station，MS）的功能，与 GSM 网络业务进行交互。用户可以通过 AT 指令进行呼叫、短信、电话本、数据业务、传真等方面的控制。20 世纪 90 年代初，AT 指令仅被用于 Modem 操作，没有控制移动电话文本消息的先例，只开发了一种叫 SMS BlockMode 的协议，通过终端设备（TE）或电脑来完全控制 SMS。几年后，主要的移动电话生产厂商如诺基亚、爱立信、摩托罗拉和惠普共同为 GSM 研制了一整套 AT 指令，其中就包括对 SMS 的控制。AT 指令在此基础上演化并被加入 GSM 07.05 标准以及现在的 GSM 07.07 标准。如对 SMS 的控制共有 3 种实现途径：最初的 Block Mode；基于 AT 指令的 Text Mode；基于 AT 指令的 PDU Mode。到现在 PDU Mode 已经取代 Block Mode，后者逐渐淡出。GSM 模块与计算机之间的通信协议是一些 AT 指令集，AT 指令是以 AT 开头、回车（）结尾的特定字符串。每个指令执行成功与否都有相应的返回。其他的一些非预期的信息（如有人拨号进来、线路无信号等），模块有对应的一些信息提示，接收端可做相应的处理。

（2）AT 指令用法：通用 AT 命令有 4 种类型，如表 1–1 所示

表 1–1　AT 命令类型、格式及说明

类型	命令格式	说明
测试命令	AT+<命令名称>=?	查询设置命令的内部参数及其取值范围
查询命令	AT+<命令名称>?	返回当前参数值
设置命令	AT+<命令名称>=<...>	设置用户自定义的参数值，并运行命令
执行命令	AT+<命令名称>	运行无用户自定义参数的命令

不是每条 AT 命令都具备上述 4 种类型的命令。

命令里输入参数，当前只支持字符串参数和整形数字参数。

尖括号内的参数不可以省略。

语法定义如表 1–2 所示。

表 1–2　语法定义

Syntax	Definition
<CR>	Carriage returns character, specified by the value of the S3-register.
<LF>	Line-feed character, specified by the value of the S4-register.
<...>	Name enclosed in angle brackets is a syntax element. The brackets themselves do not appear in the command line.
[...]	Optional sub-parameter of a command or an optional part of terminal information response, enclosed in square brackets. The brackets themselves do not appear in the command line. When the sub-parameter is not provided in the parameter type commands, the new value equals its previous value. In action type commands, the action should be performed on the basis of the recommended default setting of the sub-parameter.
//	Denotes a comment, and should not be included in the command.

"〈CR〉"为回车符，由 S3 寄存器的值指定。

"〈LF〉"为换行回车符，由 S4 寄存器的值指定。

尖括号（〈…〉）内的名称是语法元素。尖括号不会出现在命令行中。

方括号（[…]）内是命令的可选子参数或 AT 信息响应的可选部分。方括号本身不会出现在命令行中。当读取 AT 命令时没有给出子参数，新值是其先前的值。在 AT 命令中不存储任何子参数的值，所以没有读命令，也即所谓的输入动作命令，输入应在子参数建议的默认设置的基础上进行。

"//"表示注释，不包含在命令中。

五、实验步骤

1．实验准备

Step1　在如图 1–1 所示的接口处，将电源 typeC 连接 DC5V 电源线适配器。

图 1–1

Step2　将 USB 线（typeC）的一端插入 5G 智能终端实验开发平台，另一端插入电脑的 USB 口。

Step3　将 S5 拨到"USB"端，在天线端子插上 4 根天线。

Step4　在 5G 智能终端平台的 SIM 卡 1 装入一张 SIM 小卡（如果入运营商网络则插入中国移动手机卡，如果入实验室内网，则插入一张白卡），如图 1–2 所示。

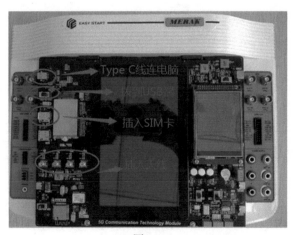

图 1–2

Step5　插上 5V 适配器电源，给模块上电，在 5G 智能终端平台右侧找到开关，打开 5G 模块电源，如图 1–3 所示。

图 1–3

Step6　这时候电脑会提示发现新硬件，右键单击"我的电脑"，选择"设备管理器"。在设备管理器中可以看到虚拟出来的串口（每台电脑不一样，COM 号也有所差别），如图 1–4 所示则表示安装成功。

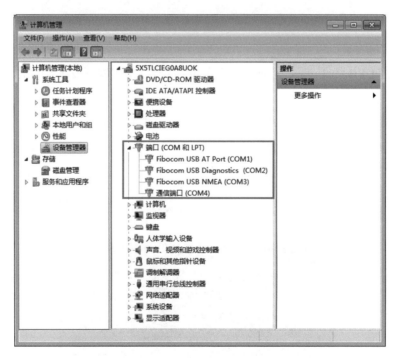

图 1–4

Step7　打开 AT 指令软件，单击"设置"，选择"设置连接"，串口选择"Fibocom

USB AT Port（COM*）"对应的串接号，这里是 COM1，波特率设置为 115200，无校验位，1 位停止位，8 位数据位，单击"确定"打开串口，如图 1–5 所示。

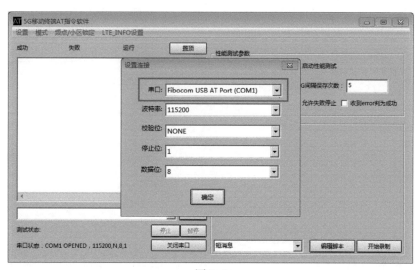

图 1–5

2. 操作步骤

Step1　打开 AT 指令软件，在发送框中输入"at"，然后单击"发送"，若返回"OK"，则表明模块与串口联通，如图 1–6 所示。

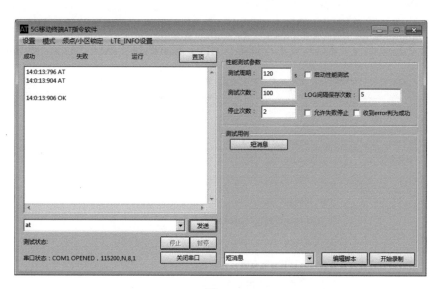

图 1–6

Step2　在发送框中输入"ATE0"，单击"发送"。将返回结果记录在"六、实验记录"中。

六、实验记录

App 端输入"ATE0"。

实验结果如图 1-7 所示。

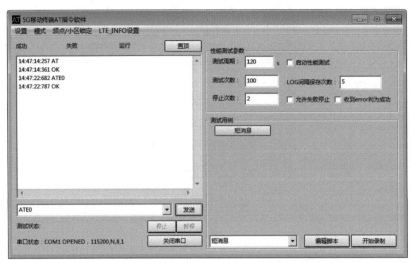

图 1-7

分析结果:在"FIBOCOM FG150 & FM150 AT Commands User Manual_V3.6.2"文档中,检索"ATE",写出对应的含义及语法。

该命令定义是否将输入字符回显到输出,如果是这样,这些字符将以接收到的相同速率奇偶校验和格式回显。ATE0 表示不回显,ATE1 表示回显(默认开启),如图 1-8 所示。

Command	Possible response(s)
ATE<n>	OK
	or:
	+CME ERROR: <err>
ATE?	<value>
	OK

<n>: integer type

0   Does not echo characters

1   Echoes characters

<value>: integer type

000   Does not echo characters

001   Echoes characters; Default value

 Note:

if without parameter, it means <value>=0.

图 1-8

1.2　5G 终端模块 IMEI 码获取实验

一、实验目的

1. 掌握 AT 指令基础知识及分类
2. 掌握 IMEI 码的含义与 IMEI 码的组成
3. 掌握查询 IMEI 码的指令

二、实验设备

1. 5G 智能终端实验开发平台　　1 个
2. 5G SIM 卡　　1 张
3. PC 机　　1 台

三、实验内容

1. 熟悉 AT 指令软件使用方法
2. 利用 AT 指令查询 IMEI 码

四、实验原理

1. IMEI 码的概念

国际移动设备识别码（International Mobile Equipment Identity，IMEI），即通常所说的手机序列号、手机"串号"，用于在移动电话网络中识别每一部独立的手机等移动通信设备。

该码是全球唯一的。每部手机在组装完成后都将被赋予一个全球唯一号码，这个号码从生产到交付使用都将被制造生产的厂商记录。

通俗地说，手机 IMEI 码相当于手机的身份证，每部合法生产的手机都会附有一个唯一的 IMEI 码，我们可以通过手机的 IMEI 码查询到手机的版本和产地等信息，如图 1-9 所示，因此，查询手机的 IMEI 码可以作为辨别手机真假的一种方法。

IMEI 码通过一定的软件是可以被修改的，因此，手机上的这个代码有被篡改的可能。

IMEI 码也常常用于业务中识别设备的一个关键判断依据。

IMEI 码可以通过 5G 智能终端平台上的标签查到。

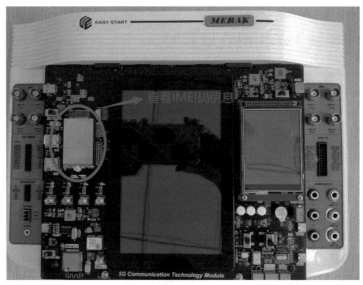

图 1-9

2．IMEI 码的组成

IMEI 码共分为 4 部分，由 15~17 位数字组成。

第一部分为 TAC（Type Allocation Code，类型分配码）。IMEI 码的前 6 位数字即 TAC 码，它是区分手机品牌和型号的编码，该码由 GSMA 及其授权机构分配。其中，TAC 的前两位是分配机构标识（Reporting Body Identifier），是授权 IMEI 码分配机构的代码，如"01"为美国 CTIA，"35"为英国 BABT，"86"为中国 TAF。

第二部分为 FAC（Final Assembly Code，最终装配地代码）。由两位数字构成，IMEI 码的第 7 位和第 8 位数字即 FAC 码，仅在早期 TAC 码为 6 位数字的手机中存在，所以 TAC 码和 FAC 码合计为 8 位数字。FAC 用于生产商内部区分生产地。

第三部分为 SN（Serial Number，产品序列号）。IMEI 码的 9~14 位即为 SN 码，区分每部手机的生产序列号。

第四部分为 SP（Spare Number，备用号码）。IMEI 码的最后一位即 SP 码，是手机的备用号码，一般为 0。不过，也有一些手机的 SP 码不为 0，这是正常的。

IMEI 码具有唯一性，贴在手机背面的标志上，并且读写于手机的内存中。它也是该手机在厂家的"档案"和"身份证号"。

五、实验步骤

1．实验准备

见第 1 章 5G 终端模块状态查询 1.1 中的实验准备。

2．操作步骤

Step1　打开 AT 指令软件，在发送框中输入"at"，然后单击"发送"，若返回"OK"，则表明模块与串口联通，如图 1–10 所示。

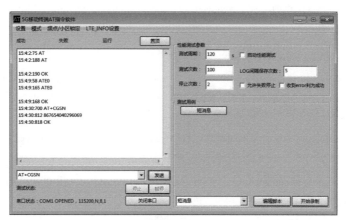

图 1–10

Step2　在发送框中输入"ATE0"，单击"发送"。

Step3　在发送框中输入"AT+CGSN"，单击"发送"。将返回结果记录在"六、实验记录"中。

六、实验记录

App 端输入"AT+CGSN"。

实验结果如图 1–11 所示。

图 1–11

分析结果：在"FIBOCOM FG150 & FM150 AT Commands User Manual_V3.6.2"文档

中，检索"CGSN"，写出对应的含义及语法。

此命令显示 IMEI 码，如图 1-12 所示。

Command	Possible response(s)
+CGSN[=<snt>]	When <snt>=0 (or omitted) and command successful: <imei> When <snt>=1 and command successful: +CGSN: <imei> When <snt>=2 and command successful: +CGSN: <imeisv> When <snt>=3 and command successful: +CGSN: <svn> Or +CME ERROR: <err>

Command	Possible response(s)
+CGSN?	+CGSN: "<imei>" OK
+CGSN=?	When TE supports <snt> and command successful: +CGSN: (list of supported <snt>s) OK

Defined Values

<snt>: integer type indicating the serial number type that has been requested.

    0   returns the IMEI (International Mobile station Equipment Identity)

    1   returns the IMEI (International Mobile station Equipment Identity)

    2   returns the IMEISV (International Mobile station Equipment Identity and Software Version number)

    3   returns the SVN (Software Version Number)

<imei>: Decimal format indicating the IMEI; IMEI is composed of Type Allocation Code (TAC) (8 digits), Serial Number (SNR) (6 digits) and the Check Digit (CD) (1 digit). Character set used in <imei> is as specified by command Select TE Character Set +CSCS.

<imeisv>: Decimal format indicating the IMEISV; The 16 digits of IMEISV are composed of Type Allocation Code (TAC) (8 digits), Serial Number (SNR) (6 digits) and the software version (SVN) (2 digits).

<svn>: Decimal format indicating the current SVN which is a part of IMEISV; This allows identifying different software versions of a given mobile.

图 1-12

比较 IMEI 码与 IMSI 码的区别：

IMEI 码是一串唯一的数字，标识了 GSM 和 UMTS 网络里的唯一一部手机，是手机身份的唯一标识号，全球范围内每部手机对应一个 IMEI 码。

IMSI 码是一个唯一的数字，标识了 GSM 和 UMTS 网络里的唯一一个用户。它存储在手机的 SIM 卡里。

返回的 IMEI 码为 867654040296069，其中 TAC 码为 867654，86 为中国 TAF，FAC 码为 04；SN 码为 029606；SP 码为 9。

1.3　5G 终端模块 SN 获取实验

一、实验目的

1. 掌握 AT 指令基础知识及分类
2. 掌握 SN 码的含义
3. 掌握查询 SN 码的指令

二、实验设备

1. 5G 智能终端实验开发平台　　1 个
2. 5G SIM 卡　　1 张
3. PC 机　　1 台

三、实验内容

1. 熟悉 AT 指令软件使用方法
2. 利用 AT 指令查询 SN 码

四、实验原理

SN 码是 Serial Number 的缩写，也就是产品序列号，产品序列号是为了验证"产品的合法身份"而引入的一个概念，它是用来保障用户的正版权益、享受合法服务的。一件正版产品只对应一组产品序列号。SN 码的别称有机器码、认证码、注册申请码等。

SN 码可以通过 5G 智能终端平台上的标签查到。

五、实验步骤

1. 实验准备

见第 1 章 5G 终端模块状态查询 1.1 中的实验准备。

2．操作步骤

Step1　打开 AT 指令软件，在发送框中输入"at"，然后单击"发送"，若返回"OK"，则表明模块与串口联通，如图 1-13 所示。

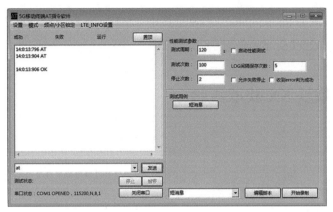

图 1-13

Step2　在发送框中输入"ATE0"，单击"发送"。

Step3　在发送框中输入"AT+CFSN"，单击"发送"。将返回结果记录在"六、实验记录"中。

六、实验记录

App 端输入"AT+CFSN"。

实验结果如图 1-14 所示。

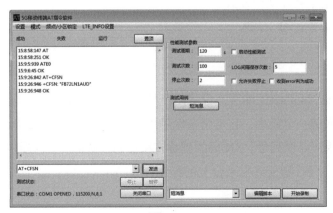

图 1-14

分析结果：在"FIBOCOM FG150 & FM150 AT Commands User Manual_V3.6.2"文档

中，检索"CFSN"，写出对应的含义及语法，如图 1–15 所示。

Syntax

Command	Possible response(s)
+CFSN	+CFSN: <FSN> OK or ERROR
+CFSN?	+CFSN: <FSN> OK

Attributes

Pin Restricted	Persistent	Sync Mode	Effect Immediately	Time of duration
No	Yes	Yes	Yes	< 1s

Defined Values

<FSN>: string type with 10-char string that can be <A-Z> or <0-9> characters or both;e.g. "1234567890"

图 1–15

输入"AT+CFSN"，返回 SN 号为 FB72LN1AUD。

这条命令用来查询工厂产品序列号。

1.4　5G 终端模块 IMSI 码获取实验

一、实验目的

1. 掌握 AT 指令基础知识及分类
2. 掌握 IMSI 码的含义与 IMSI 码的组成
3. 掌握查询 IMSI 码的指令

二、实验设备

1. 5G 智能终端实验开发平台　　1 个
2. 5G SIM 卡　　1 张
3. PC 机　　1 台

三、实验内容

1. 熟悉 AT 指令软件使用方法

2．利用 AT 指令查询 IMSI 码

四、实验原理

1．IMSI 码的概念

国际移动用户识别码（International Mobile Subscriber Identity，IMSI）是区别移动用户的标志，储存在 SIM 卡中，是在公共陆地移动网（PLMN）中用于唯一识别移动用户的一个号码，可用于区别移动用户的有效信息。手机将 IMSI 码存储于一个 64 bit 的字段中发送给网络。IMSI 码可以用来在归属位置寄存器（Home Location Register，HLR）或拜访位置寄存器（Visitor Location Register，VLR）中查询用户的信息。

只要一个移动网络的用户需要与其他移动网络互通，就必须使用 IMSI 码。在 GSM、UMTS 和 LTE 网络中，IMSI 码来自 SIM 卡，在 CDMA2000 网络中则是直接来自手机或者 RUIM。

IMSI 码的总长度不超过 15 位，由 0~9 组成。

2．IMSI 码的组成

IMSI 码是 15 位的十进制数，由 3 部分组成：MCC、MNC 和 MSIN。

（1）MCC（Mobile Country Code，移动国家码）：MCC 的资源由国际电信联盟（ITU）在全世界范围内统一分配和管理，唯一识别移动用户所属的国家，共有 3 位，中国为 460。

（2）MNC（Mobile Network Code，移动网络号码）：用于识别移动用户所归属的移动通信网，共有 2~3 位。在同一个国家内，如果有多个 PLMN（Public Land Mobile Network，公共陆地移动网，一般某个国家的一个运营商对应一个 PLMN），可以通过 MNC 来进行区别，即每一个 PLMN 都要分配唯一的 MNC。根据 MNC 即能区分物联网卡的运营商。

中国移动系统使用 00、02、04、07；中国联通 GSM 系统使用 01、06、09；中国电信 CDMA 系统使用 03、05，电信 4G 使用 11；中国铁通系统使用 20。

（3）MSIN（Mobile Subscriber Identification Number，移动用户识别号码）：用以识别某一移动通信网中的移动用户。共有 10 位，其结构为：EF+M0M1M2M3+ABCD。

①EF 由运营商分配。

②M0M1M2M3 和 MDN（Mobile Directory Number，移动用户号码簿号码）中的 H0H1H2H3 可存在对应关系。

③ABCD：4 位，自由分配。

五、实验步骤

1．实验准备

见第 1 章 5G 终端模块状态查询 1.1 中的实验准备。

2．操作步骤

Step1　打开 AT 指令软件，在发送框中输入"at"，然后单击"发送"，若返回"OK"，则表明模块与串口联通，如图 1–16 所示。

图 1–16

Step2　在发送框中输入"ATE0"，单击"发送"。

Step3　在发送框中输入"AT+CIMI"，单击"发送"。将返回结果记录在"六、实验记录"中。

六、实验记录

App 端输入"AT+CIMI"。

实验结果如图 1–17 所示。

图 1–17

分析结果：在"FIBOCOM FG150 & FM150 AT Commands User Manual_V3.6.2"文档中，检索"AT+CIMI"，写出对应的含义及语法，如图 1–18 所示。

此命令显示国际移动用户身份号码。

Syntax

Command	Possible response(s)
+GTUSIM	+GTUSIM: \<state\> OK
	or ERROR
+GTUSIM?	+GTUSIM: \<state\> OK or ERROR

图 1–18

比较 IMEI 码与 IMSI 码的区别。

（1）IMEI 码是国际移动设备识别码，标识设备；IMSI 是国际移动用户识别码，标识用户。

（2）IMEI 码与模块绑定；IMSI 码与 SIM 卡（Subscriber Identity Module，用户识别模块）或者 USIM 卡（Universal Subscriber Identity Module，全球用户身份模块）绑定。

返回的 IMSI 码为 460029721174874，其中 MCC 为 460，MNC 为 02，MSIN 为 97211 74874。

1.5 5G 终端模块 SIM 卡类型实验

一、实验目的

1. 掌握 AT 指令基础知识及分类
2. 掌握查询 SIM 卡类型的指令

二、实验设备

1. 5G 智能终端实验开发平台　　1 个

2．5G SIM 卡　　1 张

3．PC 机　　1 台

三、实验内容

1．熟悉 AT 指令软件使用方法

2．利用 AT 指令查询 SIM 卡类型

四、实验原理

SIM（Subscriber Identity Module）卡，即用户识别卡，是全球通数字移动电话的一张个人资料卡。它采用 A 级加密方法制作，存储着用户的数据、鉴权方法及密钥，可供 GSM 系统对用户身份进行鉴别。

全球用户身份模块（USIM），也叫作升级 SIM，是在 UMTS 3G 网络的一个构件。除能够支持多应用之外，USIM 卡还在安全性方面对算法进行了升级，并增加了对网络的认证功能，可以有效地防止黑客对卡片的攻击。

SIM 卡与 USIM 卡在外观上并没有什么区别，也有标注大卡、小卡以及迷你卡等。另外，4G 手机可以向下兼容普通 3G SIM 卡，只是无法体验 4G 网络。USIM 卡支持 4G 网络，安全性更强，更不容易被破解，而 SIM 卡不支持 4G 网络，最高只能支持到 3G 网络。简单地说，USIM 卡应该算是加强版 SIM 卡，更难破解、更多认证，目前的解卡程序还没有能够破解 USIM 卡的。

"+msmpd" 命令用于启用 / 禁用 SIM 卡热插拔，默认状态启用此功能。

热插拔即带电插拔，指的是在不关闭系统电源的情况下，将模块和板卡插入或拔出系统而不影响系统的正常工作，从而提高了系统的可靠性、快速维修性、冗余性和对灾难的及时恢复能力等。对于大功率模块化电源系统而言，热插拔技术可在维持整个电源系统电压的情况下，更换发生故障的电源模块，并保证模块化电源系统中其他电源模块正常运作。参数将保存在 NVM 中，并可在电源循环时恢复。

由图 1-19 可以看出：

AT+msmpd=1 表示启用 SIM 卡热插拔功能。

AT+msmpd=0 表示禁用 SIM 卡热插拔功能。

4.1.7+MSMPD, Enable/Disable SIM card hot plug

Description

This command can Enable/Disable SIM card hot plug feature. The default status is enable this feature.

The parameter will be saved in NVM and can restore at power cycle.

Syntax

Command	Possible response(s)
AT+MSMPD=<status>	OK Or: +CME ERROR: <err>
AT+MSMPD?	+MSMPD: <status> OK
AT+MSMPD=?	+MSMPD: (list of supported <status>s) OK

Attributes

Pin Restricted	Persistent	Sync Mode	Effect Immediately	Time of duration
No	Yes	Yes	No	< 1s

Defined Values

<status>: integer type;

    0 Disable the SIM card hot plug feature

    1 Enable the SIM card hot plug feature. Default value.

4.1.8+GTFMODE ,hardware flight mode enable

图 1–19

五、实验步骤

1．实验准备

见第 1 章 5G 终端模块状态查询 1.1 中的实验准备。

2．操作步骤

Step1　打开 AT 指令软件，在发送框中输入 "at"，然后单击 "发送"，若返回 "OK"，则表明模块与串口联通，如图 1–20 所示。

Step2　在发送框中输入 "ATE0"，单击 "发送"。

Step3　在发送框中输入 "AT+ MSMPD =1"，单击 "发送"，使能热插拔。将返回结果记录在 "六、实验记录" 中。

Step4　在发送框中输入 "AT+GTUSIM"，单击 "发送"。此命令用于检查当前使用的 SIM 卡类型，将返回结果记录在 "六、实验记录" 中。

Step5　拔掉 SIM 卡，在发送框中再次输入 "AT+GTUSIM"，单击 "发送"。将返回结果记录在 "六、实验记录" 中。

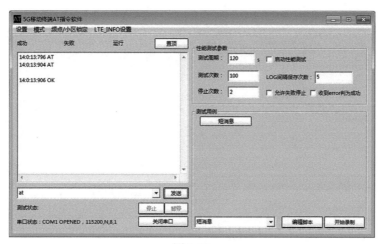

图 1–20

六、实验记录

App 端输入 "AT+ MSMPD =1"。

实验结果如图 1–21 所示。

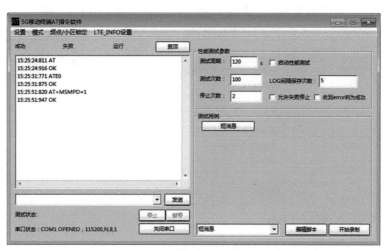

图 1–21

分析结果：输入 "AT+MSMPD=1"，返回 "OK"，表明能热插拔。

App 端输入 "AT+GTUSIM"。

实验结果如图 1–22 所示。

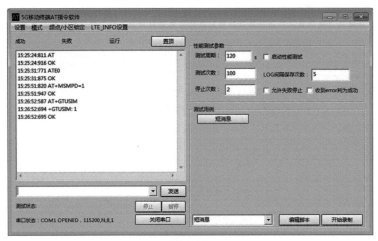

图 1–22

分析结果：在"FIBOCOM FG150 & FM150 AT Commands User Manual_V3.6.2"文档中检索"GTUSIM"，写出对应的含义及语法。

此命令用于检查当前使用的 SIM 卡类型。

输入"GTUSIM"，返回结果为 1，表示 SIM 卡类型为 USIM（用于 WCDMA，TD-SCDMA 和 LTE），返回结果为 0，表示 SIM 卡类型为 SIM（用于 GSM），如图 1–23 所示。

Syntax

Command	Possible response(s)
+GTUSIM	+GTUSIM: <state>
	OK
	or
	ERROR
+GTUSIM?	+GTUSIM: <state>
	OK
	or
	ERROR

<state>: integer type

   0   SIM (For GSM)

   1   USIM (For WCDMA and TD-SCDMA and LTE)

图 1–23

输入"AT+ GTUSIM"，返回"+GTUSIM：1"，表明 SIM 卡的类型为 USIM。拔掉 SIM 卡，App 端输入"AT+ GTUSIM"。

实验结果如图 1–24 所示。

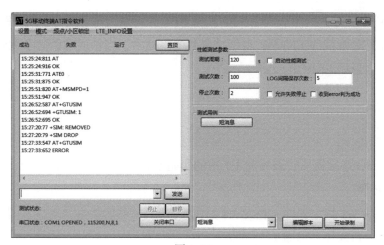

图 1-24

分析结果：拔掉 SIM 卡之后，显示"+SIM：REMOVED""+SIM DROP"，重新输入"GTUSIM"，显示"ERROR"，表明卡没有插好。

1.6 报告移动设备错误 AT 指令实验

一、实验目的

1. 掌握 AT 指令基础知识及分类
2. 掌握报告移动设备的错误指令

二、实验设备

1. 5G 智能终端实验开发平台　　1 个
2. 5G SIM 卡　　1 张
3. PC 机　　1 台

三、实验内容

1. 熟悉 AT 指令软件使用方法
2. 利用 AT 指令完成报告移动设备错误

四、实验原理

"+CMEE"命令用于报告移动设备错误，在发送 AT 执行错误时终端会返回错误编码，这样便于定位问题。这个命令禁用或启用结果代码 +CME ERROR：<err> 作为指示与

MODEM 有关的错误。启用后，与 MODEM 相关的错误会输出 +CME ERROR：<err> 最终结果代码而不是常规的 ERROR 最终结果代码。通常，当错误与语法、无效参数或终端功能相关时，会返回 ERROR。

五、实验步骤

1．实验准备

见第 1 章 5G 终端模块状态查询 1.1 中的实验准备。

2．操作步骤

Step1　打开 AT 指令软件，在发送框中输入"at"，然后单击"发送"，若返回"OK"，则表明模块与串口联通，如图 1–25 所示。

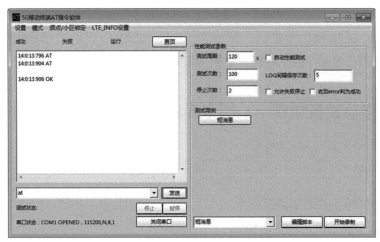

图 1–25

Step2　在发送框中输入"ATE0"，单击"发送"。

Step3　在发送框中输入"AT+CMEE=1"，单击"发送"。将返回结果记录在"六、实验记录"中。

六、实验记录

App 端输入"AT+CMEE=1"。

实验结果如图 1–26 所示。

分析结果：在"FIBOCOM FG150 & FM150 AT Commands User Manual_V3.6.2"文档中检索"CMEE"，写出对应的含义及语法。

图 1–26

这条命令用来报告移动设备错误，如图 1–27 所示。

Syntax

Command	Possible response(s)
AT+CMEE=[<n>]	OK or: +CME ERROR: <err> Note: the original setting is not changed if AT+CMEE=
AT+CMEE?	+CMEE: <n> OK
AT+CMEE=?	+CMEE: (list of supported <n>s) OK

<n>: integer type

　0 Disable the +CME ERROR: <err> result code and use ERROR. Default value

　1 Enable the +CME ERROR: <err> or +CMS ERROR: <err> result codes and use numeric <err> values or

　+STK ERROR: <err> result codes and use numeric <err> values.

　2 Enable the +CME ERROR: <err> or +CMS ERROR: <err> result codes and use verbose <err> values or

　　+STK ERROR: <err> result codes and use numeric <err> values.

图 1–27

输入"AT+CMEE=1"，返回"OK"，表明开启错误报告。

1.7 5G 网络状态设置 AT 指令实验

一、实验目的

1. 掌握 AT 指令基础知识及分类
2. 掌握 5G 网络状态设置指令

二、实验设备

1. 5G 智能终端实验开发平台　　1 个
2. 5G SIM 卡　　1 张
3. PC 机　　1 台

三、实验内容

1. 熟悉 AT 指令软件使用方法
2. 利用 AT 指令完成 5G 网络状态设置

四、实验原理

"+C5GREG"命令用于查询 NR 网络注册状态,（AT+C5GREG=［<n>］）命令用于设置 MT 是否开启主动上报功能或者设置主动上报的格式。

n=0,关闭 +C5GREG 的主动上报功能。

n=1,打开 +C5GREG 主动上报功能,上报格式为：+C5GREG：<stat>。

n=2,打开 +C5GREG 主动上报功能,上报格式为：+C5GREG：<stat>［,［<tac>］,［<ci>］,［<AcT>］,［<Allowed_NSSAI_length>］,［<Allowed_NSSAI>］］。

n=3,打开 +C5GREG 主动上报功能,上报格式为：+C5GREG：<stat>［,［<tac>］,［<ci>］,［<AcT>］,［<Allowed_NSSAI_length>］,［<Allowed_NSSAI>］［,<cause_type>,<reject_cause>］］。

<stat>：整数类型;表示 NR 的注册状态。

0：未注册,MT 目前没有搜索要注册的操作员。

1：注册,家庭网络。

2：未注册,但 MT 目前正试图附加或搜索一个操作员注册。

3：注册否认。

4：未知（如 NR 覆盖范围以外）。

5：注册,漫游。

6：注册"只提供短信服务"，家庭网络（不适用）。

7：登记为"仅限短信"，漫游（不适用）。

8：只注册了紧急服务。

9：已注册"CSFB 非首选"，家庭网络（不适用）。

10：已登记为"CSFB 非首选"，漫游（不适用）。

11：附于附件，以便进入许可证（不适用）。

五、实验步骤

1．实验准备

见第 1 章 5G 终端模块状态查询 1.1 中的实验准备。

2．操作步骤

Step1　打开 AT 指令软件，在发送框中输入"at"，然后单击"发送"，若返回"OK"，则表明模块与串口联通，如图 1–28 所示。

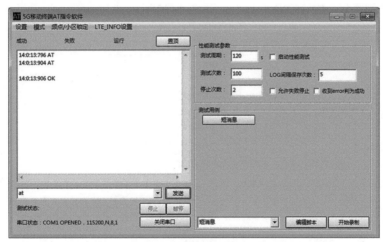

图 1–28

Step2　在发送框中输入"ATE0"，单击"发送"。

Step3　在发送框中输入"AT+C5GREG=1"，单击"发送"。将返回结果记录在"六、实验记录"中。

六、实验记录

App 端输入"AT+C5GREG=1"。

实验结果如图 1–29 所示。

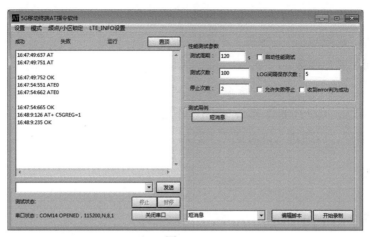

图 1–29

分析结果：在"FIBOCOM FG150 & FM150 AT Commands User Manual_V3.6.2"文档中，检索"C5GREG"，写出对应的含义及语法。

这条命令用来查询网络注册状态，输入"AT+C5GREG=1"，返回"OK"，表明启用网络注册主动结果码 +C5GREG：<stat>。如图 1–30 所示。

Command	Possible response(s)
AT+C5GREG=[<n>]	OK or: +CME ERROR: <err>
AT+C5GREG?	when <n>=0, 1, 2 or 3 and command successful: +C5GREG: <n>,<stat>[,[<tac>],[<ci>],[<AcT>],[<Allowed_NSS AI_length>],[<Allowed_NSSAI>][,<cause_type>,<reject_cause>]] OK
AT+C5GREG=?	+ C5GREG: (list of supported <n>s) OK

<n>: integer type

    0   disable network registration unsolicited result code

    1   enable network registration unsolicited result code +C5GREG: <stat>

    2   enable network registration and location information unsolicited result code

            +C5GREG: <stat>[,[<tac>],[<ci>],[<AcT>],[<Allowed_NSSAI_length>],[<Allowed_NSSAI>]]

    3   enable network registration, location information and 5GMM cause value information unsolicited result

            code

            +C5GREG: <stat>[,[<tac>],[<ci>],[<AcT>],[<Allowed_NSSAI_length>],[<Allowed_NSSAI>][,<cause_typ

            e>,<reject_cause>]]

<stat>: integer type; indicates the NR registration status.

    0   not registered, MT is not currently searching an operator to register to

    1   registered, home network

    2   not registered, but MT is currently trying to attach or searching an operator to register to

    3   registration denied

图 1–30

4　　unknown (e.g. out of NR coverage)

5　　registered, roaming

6　　registered for "SMS only", home network (not applicable)

7　　registered for "SMS only", roaming (not applicable)

8　　registered for emergency services only

9　　registered for "CSFB not preferred", home network (not applicable)

10　　registered for "CSFB not preferred", roaming (not applicable)

11　　attached for access to RLOS (See NOTE 2a) (not applicable)

<tac>: string type; three byte tracking area code in hexadecimal format (e.g. "0000C3" equals 195 in decimal).

<ci>: string type; five byte NR cell ID in hexadecimal format.

<Allowed_NSSAI_length>: integer type; indicates the number of octets of the <Allowed_NSSAI> information element.

<Allowed_NSSAI>: string type in hexadecimal format. Dependent of the form, the string can be separated by dot(s),
semicolon(s) and colon(s). This parameter indicates the list of allowed S-NSSAIs received from the network.
The <Allowed_NSSAI> is coded as a list of <S-NSSAI>s separated by colons. Refer parameter <S-NSSAI>
in subclause 10.1.1. This parameter shall not be subject to conventional character conversion as per +CSCS.

<AcT>: integer type; indicates the access technology of the serving cell.

0　　GSM (not applicable)

1　　GSM Compact (not applicable)

2　　UTRAN (not applicable)

3　　GSM w/EGPRS (not applicable)

4　　UTRAN w/HSDPA (not applicable)

5　　UTRAN w/HSUPA (not applicable)

6　　UTRAN w/HSDPA and HSUPA (not applicable)

7　　E-UTRAN (not applicable)

8　　EC-GSM-IoT (A/Gb mode) (not applicable)

9　　E-UTRAN (NB-S1 mode) (not applicable)

10　　registered for "CSFB not preferred", roaming (not applicable)

11　　attached for access to RLOS (See NOTE 2a) (not applicable)

<tac>: string type; three byte tracking area code in hexadecimal format (e.g. "0000C3" equals 195 in decimal).

<ci>: string type; five byte NR cell ID in hexadecimal format.

<Allowed_NSSAI_length>: integer type; indicates the number of octets of the <Allowed_NSSAI> information element.

<Allowed_NSSAI>: string type in hexadecimal format. Dependent of the form, the string can be separated by dot(s),
semicolon(s) and colon(s). This parameter indicates the list of allowed S-NSSAIs received from the network.
The <Allowed_NSSAI> is coded as a list of <S-NSSAI>s separated by colons. Refer parameter <S-NSSAI>
in subclause 10.1.1. This parameter shall not be subject to conventional character conversion as per +CSCS.

<AcT>: integer type; indicates the access technology of the serving cell.

0　　GSM (not applicable)

1　　GSM Compact (not applicable)

2　　UTRAN (not applicable)

3　　GSM w/EGPRS (not applicable)

4　　UTRAN w/HSDPA (not applicable)

5　　UTRAN w/HSUPA (not applicable)

6　　UTRAN w/HSDPA and HSUPA (not applicable)

7　　E-UTRAN (not applicable)

8　　EC-GSM-IoT (A/Gb mode) (not applicable)

9　　E-UTRAN (NB-S1 mode) (not applicable)

图 1-30（续一）

第 2 章　5G 终端模块 AT 指令脚本编写实验

2.1　5G 终端模块状态查询 AT 指令脚本编写实验

一、实验目的

1. 掌握 AT 指令基础知识及分类
2. 掌握 5G 终端模块状态查询 AT 指令的内容
3. 掌握 5G 终端模块状态查询 AT 指令脚本编写

二、实验设备

1. 5G 智能终端实验开发平台　　1 个
2. 5G SIM 卡　　1 张
3. PC 机　　1 台

三、实验内容

1. 熟悉 AT 指令软件使用方法
2. 利用 AT 指令完成对终端模块状态查询脚本编写

四、实验原理

（1）App 端输入 "AT+CGSN\r"，返回本机 IMEI 码；

（2）App 端输入 "AT+CFSN \r"，返回本机 SN 码；

（3）App 端输入 "AT++CIMI\r"，返回本机 IMSI 码；

（4）App 端输入 "AT+GTUSIM\r"，返回 "+GTUSIM：1\r"（此指令为检查当前使用的 SIM 卡类型）；

具体实验原理可查看第 1 章的 1.1~1.5 小节内容。

五、实验步骤

1．实验准备

见第 1 章 5G 终端模块状态查询 1.1 的实验准备。

2．操作步骤

Step1　找到"UeTester–FM150"文件夹下的"功能测试命令脚本"文件夹，新建一个文件（可直接复制粘贴其余文件），将其命名为"5G 移动终端模块状态查询"，如图 2–1 所示。

图 2–1

Step2　打开 AT 指令软件，在"测试用例"中可以看到增加了"5G 移动终端模块状态查询"脚本，选择该脚本，单击"编辑脚本"，如图 2–2 所示。

图 2–2

Step3　在打开的文件中输入发送命令以及期望返回结果，脚本编写如下（注意：该脚本仅供参考，每台机器的编码不一致，需要根据具体情况进行修改，如 IMEI 码、IMSI 码和 SN 码）：

AT+CGSN

867654040296069

OK

AT+CFSN

+CFSN："FB72LN1AUD"

OK

AT+CIMI

460005360462533

OK

AT+GTUSIM

+GTUSIM：1

OK

Step4　在发送框中输入"at"，然后单击"发送"，若返回 OK，则表明模块与串口联通，如图 2-3 所示。

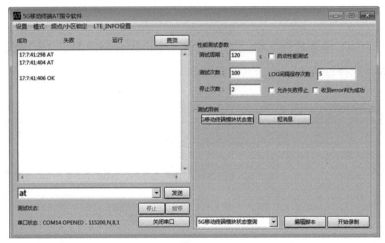

图 2-3

Step5　在发送框中输入"ATE0"，单击"发送"。

Step6　在测试用例中单击"5G 移动终端模块状态查询"脚本，将返回结果记录在"六、实验记录"中。

六、实验记录

单击"5G 移动终端模块状态查询"脚本。实验结果如图 2-4 所示。

分析结果：更改脚本文件，先查询当前使用的 SIM 卡类型，再查询 SN 码、IMEI 码和 IMSI 码。发送结果如图 2-5 所示。

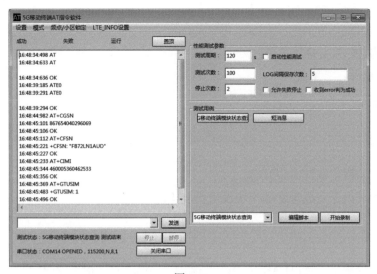

图 2-4

图 2-5

2.2　5G 终端模块设置类 AT 指令脚本编写实验

一、实验目的

1. 掌握 AT 指令基础知识及分类
2. 掌握 5G 终端模块设置类 AT 指令的内容
3. 掌握 5G 终端模块设置类 AT 指令脚本编写

二、实验设备

1. 5G 智能终端实验开发平台　　1 个
2. 5G SIM 卡　　1 张
3. PC 机　　1 台

三、实验内容

1. 熟悉 AT 指令软件使用方法
2. 利用 AT 指令完成对终端模块设置类脚本编写

四、实验原理

（1）App 端输入 "AT+CMEE=1\r"，返回 "OK\r"（此指令为开启 +CME ERROR：<err> 上报）；

（2）App 端输入 "AT+ C5GREG=1\r"，返回 "OK\r"（此指令启用网络注册主动结果码 +C5GREG：<stat>）。

具体实验原理可查看第 1 章 1.6 和 1.7 小节中的相关内容。

五、实验步骤

1. 实验准备

见第 1 章 5G 终端模块状态查询 1.1 中的实验准备。

2. 操作步骤

Step1　找到 "UeTester–FM150" 文件夹下 "功能测试命令脚本" 文件夹，新建一个文件（可直接复制粘贴其余文件），将其命名为 "5G 终端模块设置类"，如图 2–6 所示。

图 2–6

Step2　打开 AT 指令软件，在 "测试用例" 中可以看到增加了 "5G 终端模块设置类" 脚本，选择该脚本，单击 "编辑脚本"，如图 2–7 所示。

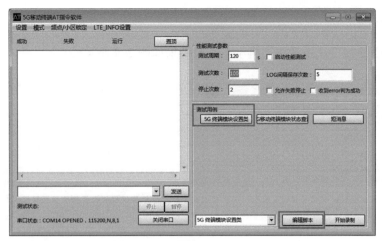

图 2-7

Step3　在打开的文件中输入发送命令以及期望返回结果，脚本编写如下：

AT+CMEE=1

OK

AT+ C5GREG=1

OK

Step4　在发送框中输入"at"，然后单击"发送"，若返回"OK"，则表明模块与串口联通，如图 2-8 所示。

图 2-7

Step5　在发送框中输入"ATE0"，单击"发送"。

Step6　在测试用例中单击"5G 终端模块设置类"脚本，将返回结果记录在"六、实验记录"中。

六、实验记录

单击"5G 终端模块设置类"脚本。实验结果如图 2–9 所示。

图 2–9

分析结果：更改脚本文件，先查询网络注册状态，再开启错误报告。发送结果如图 2–10 所示。

图 2–10

第3章 5G 终端模块通信业务实验

3.1 5G 终端模块拨打电话实验

一、实验目的

1. 掌握 AT 指令基础知识及分类
2. 掌握拨打电话的指令

二、实验设备

1. 5G 智能终端实验开发平台　　1 个
2. 5G SIM 卡　　1 张
3. PC 机　　1 台

三、实验内容

1. 熟悉 AT 指令软件使用方法
2. 利用 AT 指令拨打电话

四、实验原理

（1）App 端输入"AT\r"；

（2）App 端输入"ATE0\r"；

（3）App 端输入"AT+GTUSIM\r"，返回"+GTUSIM：1\r"（此指令为检查当前使用的 SIM 卡类型）；

（4）App 端输入"AT+CMEE=1\r"，返回"OK\r"（此指令为开启 +CME ERROR：<err> 上报）；

（5）App 端输入"AT+ CFUN=0\r"，返回"OK\r"；

命令格式为 AT+CFUN= [<fun> [,<rst>]]，返回结果为"OK"。fun 为 0 的时候表示最小功能，fun 为 1 的时候表示全部功能。可在 ME 中选择 <fun> 的功能级别。"全部功能"水平表示将手机的功能设置为最大;"最小功能"水平表示将手机的功能设置为最小。

(6) App 端输入"AT+ CFUN=1\r",返回"OK\r"(该条命令完成后表示激活了协议栈);

命令格式为 AT+CFUN= [<fun> [,<rst>]],返回结果为"OK"。fun 为 0 的时候表示最小功能,fun 为 1 的时候表示全部功能。可在 ME 中选择 <fun> 的功能级别。"全部功能"水平表示将手机的功能设置为最大;"最小功能"水平表示将手机的功能设置为最小。该条命令完成后表示激活了协议栈。

(7) App 端输入"AT+ C5GREG=1\r",返回"OK\r"(此指令启用网络注册主动结果码 +C5GREG: <stat>)。

(8) App 端输入"AT+COPS?\r",命令返回值为 +COPS: <mode> [,<format>,<oper> [,< AcT>]](查询网络注册状态),如图 3-1 所示。

Command	Possible response(s)
AT+COPS=[<mode>[,<format>[,<oper>[,< AcT>]]]]	OK or: +CME ERROR: <err>
AT+COPS?	+COPS: <mode>[,<format>,oper>[,< AcT>]] OK Or +CME ERROR: <err>
AT+COPS=?	+COPS: [list of supported (<stat>,long alphanumeric <oper>,short alphanumeric <oper>,numeric <oper>[,<AcT>])s][,,(list of supported <mode>s),(list of supported <format>s)] OK

图 3-1

① <mode>:整数类型。

0:自动(<oper> 字段被忽略);默认值。

1:手动(<oper> 字段必须存在,<AcT> 可选)。

2:从网络注销。

3:只设置 <format>(对于读命令 +COPS?),不尝试注册 / 注销(<oper> 和 <AcT> 字段被忽略);该值不适用于 read 命令响应。

4:手动 / 自动(<oper> 字段必须在场);如果手动选择失败,则进入自动模式(<模式 >=0)。

②〈format〉：整数类型。

0：长字符型（缺省值）。

1：短字符型。

2：数字型。

③〈oper〉：字符串类型；〈format〉表示格式是字符型还是数字型；长字符型格式可以最多 16 个字符，短字符型最多 8 个字符（参见 GSM MoU SE.13［9］）；数字型是 GSM 位置区域标识号（参见 3GPP TS 24.008［8］子条款 10.5.1.3），其由 ITU T E.212 附件 A［10］中编码的 3 个 BCD 数字国家代码加上 2 个 BCD 数字网络代码组成，具体作用是管理；返回的 oper 不得为 BCD 格式，而是从 BCD 转换为 IRA 字符；因此编号有：（国家代码数字 3）（国家代码数字 2）（国家代码数字 1）（网码 3）（网码 2）（网码 1）。

④〈AcT〉：整数类型；访问技术选择。

0：GSM。

1：GSM Compact。

2：UTRAN。

3：GSM w/EGPRS。

4：UTRAN w/HSDPA。

5：UTRAN w/HSUPA。

6：UTRAN w/HSDPA and HSUPA。

7：E–UTRAN。

8：EC–GSM–IoT（A/Gb mode）。

9：E–UTRAN（NB–S1 mode）。

10：E–UTRA connected to a 5GCN（see NOTE 5）。

11：NR connected to a 5GCN（see NOTE 5）。

12：NG–RAN。

13：E–UTRA–NR dual connectivity（see NOTE 6）。

（9）App 端输入"ATDnumber；\r"（number 为要拨打的电话号码）。

如电话号码为 18971458588，则输入 ATD18971458588。

（10）App 端输入"ATH\r"（此命令用于挂断电话）。

五、实验步骤

1．实验准备

见第 1 章 5G 终端模块状态查询 1.1 中的实验准备。

2．操作步骤

Step1　打开 AT 指令软件，在发送框中输入"at"，然后单击"发送"，若返回"OK"，则表明模块与串口联通，如图 3–2 所示。

Step2　在发送框中输入"ATE0"，单击"发送"。

Step3　在发送框中输入"AT+GTUSIM"，单击"发送"。

Step4　在发送框中输入"AT+CMEE=1"，单击"发送"。

图 3–2

Step5　在发送框中输入"AT+ CFUN=0"，单击"发送"。

Step6　在发送框中输入"AT+ CFUN=1"，单击"发送"。

Step7　在发送框中输入"AT+ C5GREG=1"，单击"发送"。

Step8　在发送框中输入"AT+COPS?"，单击"发送"。

Step9　在发送框中输入"ATDnumber；"（number 为要拨打的电话号码，注意电话号码后加；），单击"发送"。

Step10　在发送框中输入"ATH"，单击"发送"。将发送结果记录在"六、实验记录"中。

六、实验记录

实验结果如图 3–3 所示。

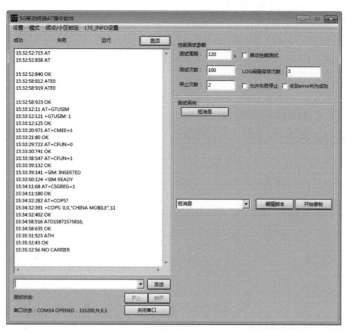

图 3-3

在 "FIBOCOM FG150 & FM150 AT Commands User Manual_V3.6.2" 文档中, 检索 AT 指令, 写出对应的含义, 如表 3-1 所示。

表 3-1　各指令对应含义

序号	AT 指令	AT 指令返回值	AT 指令返回含义
1	AT	OK	表明模块与串口联通
2	ATE0	OK	关掉回显
3	AT+GTUSIM	+GTUSIM：1	此命令用于检查当前使用的 SIM 卡类型, 返回结果为 1 表示 SIM 卡类型为 USIM
4	AT+CMEE=1	OK	开启错误报告
5	AT+ CFUN=0	OK	fun 为 0 的时候表示最小功能, 表示将手机的功能设置为最小
6	AT+ CFUN=1	OK	fun 为 1 的时候表示全部功能, 表示将手机的功能设置为最大, 该条命令完成后表示激活了协议栈
7	AT+ C5GREG=1	OK	打开 +C5GREG 主动上报功能
8	AT+COPS?	+COPS：0,0, "CHINA MOBILE" ,11	NR 连接到 5G 网络
9	ATDnumber;	OK	拨打电话成功
10	ATH	OK	挂断电话

3.2　5G 终端模块发送短信实验

一、实验目的

1. 掌握 AT 指令基础知识及分类
2. 掌握发短信的指令

二、实验设备

1. 5G 智能终端实验开发平台　　1 个
2. 5G SIM 卡　　1 张
3. PC 机　　1 台

三、实验内容

1. 熟悉 AT 指令软件使用方法
2. 利用 AT 指令发短信

四、实验原理

短信的编码方式有两种：Text 模式和 PDU 模式。因此，短信的 AT 指令执行格式也有两种，分别对应 Text 模式和 PDU 模式。

（1）Text 模式：这是一种纯文本模式，支持不同的字符集，从技术上来说，也可用于发送中文短消息，但国内手机基本不支持，主要用于欧美地区。

（2）PDU 模式：这是手机默认的编码方式，可以使用任何字符集，其包括 3 种编码方式：7bit 编码、8bit 编码和 UCS2 编码。

① 7bit 编码：ASC Ⅱ 码就是 7bit 编码。

② 8bit 编码：ASC Ⅱ 码可以使用 7 位二进制表示，但是由于计算机的基本处理单位是字节（1byte=8bit），所以一般在高位补 0，用一个字节表示一个 ASC Ⅱ 字符，这就是 8bit 编码。

③ UCS2 编码：处理 Unicode 字符，使用两个字节来表示一个字符，可以表示世界上所有的字符。发送中文就是使用此编码方式。

（3）发送短信原理。发送短信是利用 AT 指令中的 CMGS 指令来完成的，格式如下：

AT+CMGS=<length>，其中，length 为短信的总长度，单位为字节。

< 短信内容 >Ctrl+z

短信内容由 SCA+PDUType+MR+< 号码长度及内容 >+< 数据类型 >+< 编码方式 >+

<有效时间>+<短信长度及内容>组成。

命令返回为"OK",则表明使用 PDU 模式(+CMGF=0)且发送成功,命令若返回"ERROR",则表明使用 PDU 模式(+CMGF=0)但发送失败。其中 <length> 为整数型取值;Text 模式(+CMGF=1)下,用字符表示 <data>(或 <cdata>)消息正文的长度;PDU模式(+CMGF=0)下,表示 8 位真实 TP 数据单位的长度(即 RP 层的 SMSC 地址中的 8位字符将不计算在该长度内)。

比如,实验中向 18971458588 发送内容为"测试"的短信:

短信内容由 SCA+PDUType+MR+< 号码长度及内容 >+< 数据类型 >+< 编码方式 >+< 有效时间 >+< 短信长度及内容 > 组成。

发送短信内容可简化为:11000D91+ 电话号码 +000800+ 用户数据长度 + 短信内容。

1100:4 位,固定。

0D:2 位,手机号码长度 strlen(8618971458588)=0xd=13。

000800:6 位,固定。

接收短信的手机号码必须经奇偶位交互处理,所以 68 为 86,18971458588 为8179418585F8(位数不足偶数时用 F 补足)。短信的数据类型为 00,接下来为 08,表示DCS,即用户数据的编码方式,08 对应 8bit,二进制 00001000 对应 UCS2 编码规则。

04 为 UDL,用户数据长度。这里的短信内容为"测试",为 4 字节长度。6D4B8BD5表示 UD,即用户数据,这里是 UCS2 编码,对应的汉字是"测试"。

(4)短信发送业务流程。

① App 端输入"AT\r"。

② App 端输入"ATE0\r"。

③ App 端输入"AT+GTUSIM\r",返回"+GTUSIM:1\r"(此指令为检查当前使用的SIM 卡类型)。

④ App 端输入"AT+CMEE=1\r",返回"OK\r"(此指令为开启 +CME ERROR:<err>上报)。

⑤ App 端输入"AT+ CFUN=0\r"。返回"OK\r"。

命令格式为 AT+CFUN= [<fun> [,<rst>]],返回结果为"OK"。fun 为 0 的时候表示最小功能,fun 为 1 的时候表示全部功能。可在 ME 中选择 <fun> 的功能级别。"全部功能"水平表示将手机的功能设置为最大;"最小功能"水平表示将手机的功能设置为最小。

⑥ App 端输入"AT+ CFUN=1\r",返回"OK\r"(该条命令完成后表示激活了协议栈)。

命令格式为 AT+CFUN= [<fun> [,<rst>]],返回结果为"OK"。fun 为 0 的时候表示最小功能,fun 为 1 的时候表示全部功能。可在 ME 中选择 <fun> 的功能级别。"全部功能"

水平表示将手机的功能设置为最大；"最小功能"水平表示将手机的功能设置为最小。该条命令完成后表示激活了协议栈。

⑦ App 端输入"AT+ C5GREG=1\r"，返回"OK\r"（此指令启用网络注册主动结果码 +C5GREG：<stat>）。

⑧ App 端输入"AT+COPS?\r"，命令返回值为 +COPS：<mode>［,<format>。<oper>］（此指令查询网络注册状态），见表 3-2。

表 3-2　查询网络注册状态

参数	取值	说明
<mode>	[0]	自动（<oper> 字段可忽略）
	1	手动（<oper> 字段可忽略）
	2	从注册网络注销
	3	仅设置 <format>（用于查询命令 +COPS？）；不尝试进行注册或注销（<oper> 字段可忽略）；该取值不适用于查询命令的返回结果
	4	手动 / 自动（<oper> 字段不可忽略）；如果手动选择失败，将进入自动选择模式（<mode>=0）
<format>	[0]	长字符型（采用字母数字格式），最多 16 字符
	1	短字符型（采用字母数字格式），最多 8 字符
	2	数字型 <oper>
<oper>	—	字符型；<format> 表示该字符串采用字母数字型还是数字型；数字型表示 GSM 位置区标识号码（请参考 GSM 04.08[8] 第 10.5.1.3 节），该号码包括一个 3 位 BCD 国家代码（符合 ITU-TE.212 Annex A[10] 标准）和一个 2 位 BCD 网络代码，后者与管理有关

⑨ App 端输入"AT+CGSMS=1\r"，返回"OK\r"（此指令为设置为手机 MO 发起的短信业务）。

⑩ App 端输入"AT+CMGF=0\r"，返回"OK\r"，此指令表示设置短信格式。命令格式为：AT+CMGF=<mode>，格式有 TEXT 方式和 PDU 方式。AT+CMGF=1 时是 TEXT 方式，AT+CMGF=0 是 PDU 方式。

⑪ App 端输入"AT+CSCS="HEX"\r"，返回"OK\r"，此指令表示设置终端字符集格式。命令格式为 AT+CSCS=<chset>，返回值为 OK。其中，chset 取值参数见表 3-3 所示。

表 3-3　chset 取值参数

参数	取值	说明
<chset>	"GSM"	GSM 缺省符号集（参考 GSM 0.3.38 第 6.2.1 节）
	["IRA"]	国际参考符号集（ITU-T T. 50[13]）
	"PCCP437"	PC 字符集代码页 437
	"PCDN"	PC 丹麦语 / 挪威语字符集
	"8859-1"	ISO8859 拉丁语 1 字符集
	"HEX"	十六进制：取值范围 OO 到 FF。比如：052FE6 表示 3 个 8bit 字符，转换为十进制，分别为 5、47、230；禁止转换为 ME 原始字符集

参数	取值	说明
<chset>	"UCS2"	16bit 通用八字节倍数编码的字符集（ISO/IEC10646[32]）；UCS2 字符串转换为从 0000 到 FFFF 的十六进制数值；例如，"004200620063" 可以转换为十进制中的十六 bit 字符 66、98 和 99，$（AT R97）$

⑫App 端输入 "AT+CMGS=19\r"，AT+CMGS 指令表示可将 SMS（SMS–SUBMIT）从 TE 发送到网络侧。发送成功后，消息参考值 <mr> 将返回给 TE。在接收到非请求发送状态报告结果码时，使用该取值可进行消息识别。

五、实验步骤

1．实验准备

见第 1 章 5G 终端模块状态查询 1.1 中的实验准备。

2．操作步骤

Step1　打开 AT 指令软件，在发送框中输入 "at"，然后单击 "发送"，若返回 "OK"，则表明模块与串口联通，如图 3–4 所示。

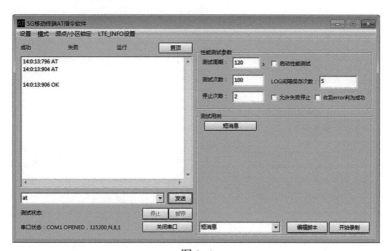

图 3–4

Step2　在发送框中输入 "ATE0"，单击 "发送"。

Step3　在发送框中输入 "AT+GTUSIM"，单击 "发送"。

Step4　在发送框中输入 "AT+CMEE=1"，单击 "发送"。

Step5　在发送框中输入 "AT+ CFUN=0"，单击 "发送"。

Step6　在发送框中输入 "AT+ CFUN=1"，单击 "发送"。

Step7　在发送框中输入 "AT+ C5GREG=1"，单击 "发送"。

Step8　在发送框中输入"AT+COPS?"，单击"发送"。

Step9　在发送框中输入"AT+CGSMS=1"，单击"发送"。

Step10　在发送框中输入"AT+CMGF=0"，单击"发送"。

Step11　在发送框中输入"AT+CSCS=HEX"，单击"发送"。

Step12　在发送框中输入"AT+CMGS=19"，单击"发送"。

AT+GMGS=19 中的 19 表示 PDU 串中除去 SMSC 地址之外的那部分的长度。

Step13　在发送框中输入"11000D91688179418585F8000800046D4B8BD5"，发送内容为"测试"的短信。实验结束后，需要将所有发送指令及返回结果记录在"六、实验记录"中。注意：8179418585F8 为奇偶位交互处理后的电话号码（位数不足偶数时用 F 补足），需要更换为自己的电话号码。

六、实验记录

实验结果如图 3–5 所示。

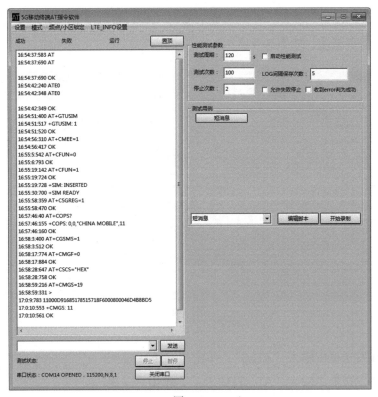

图 3–5

在"FIBOCOM FG150 & FM150 AT Commands User Manual_V3.6.2"文档中，检索 AT指令，写出对应的含义，见表 3–4。

表 3–4　各指令对应的含义

序号	AT 指令	AT 指令返回值	AT 指令返回含义
1	AT	OK	表明模块与串口联通
2	ATE0	OK	关掉回显
3	AT+GTUSIM	+GTUSIM：1	此命令用于检查当前使用的 SIM 卡类型。返回结果为 1 表示 SIM 卡类型为 USIM
4	AT+ CMEE=1	OK	开启错误报告
5	AT+ CFUN=0	OK	fun 为 0 的时候表示最小功能，表示将手机的功能设置为最小
6	AT+ CFUN=1	OK	fun 为 1 的时候表示全部功能，表示将手机的功能设置为最大，该条命令完成后表示激活了协议栈
7	AT+ C5GREG=1	OK	打开 +C5GREG 主动上报功能
8	AT+COPS?	+COPS：0,0, "CHINA MOBILE" ,11	NR 连接到 5G 网络
9	AT+CGSMS=1	OK	设置为手机 MO 发起的短信业务
10	AT+CMGF=0	OK	设置短信格式为 PDU
11	AT+CSCS= "HEX"	OK	设置终端字符集格式为 HEX
12	AT+CMGS=19	+CMGS：<mr> OK	<mr> 发送信息参考号

3.3　5G 终端模块无线上网实验

一、实验目的

1. 掌握 AT 指令基础知识及分类
2. 掌握 AT 指令中主要的上网指令

二、实验设备

1. 5G 智能终端实验开发平台　　1 个
2. 5G SIM 卡　　1 张
3. PC 机　　1 台

三、实验内容

1. 熟悉 AT 指令软件使用方法

2．利用 AT 指令上网

四、实验原理

1．5G 网络结构

5G 系统针对各种不同业务的接入系统，通过多媒体接入连接到基于 IP 的核心网中。基于 IP 技术的网络结构使用户可实现在 3G、4G、5G、WLAN 及固定网间无缝漫游。5G 网络结构可分为 3 层：物理网络层、中间环境层和应用网络层。物理网络层提供接入和路由选择功能；中间环境层的功能有网络服务质量映射、地址变换和完全性管理等；物理网络层与中间环境层及其应用网络层之间的接口是开放的，使发展和提供新的服务变得更容易，提供无缝高数据率的无线服务，并运行于多个频带，这一服务能自适应于多个无线标准及多模终端，跨越多个运营商和服务商，提供更大范围的服务。

5G 网络有如下特点：

（1）支持现有的系统和将来的系统通用接入的基础结构；

（2）与 Internet 集成统一，移动通信网仅仅作为一个无线接入网；

（3）具有开放、灵活的结构，易于扩展；

（4）是一个可重构的、自组织的、自适应的网络；

（5）智能化的环境，个人通信、信息系统、广播、娱乐等业务无缝连接为一个整体，满足用户的各种需求；

（6）用户在高速移动中，能够按需接入系统，并在不同系统间无缝切换，传送高速多媒体业务数据；

（7）支持接入技术和网络技术各自独立发展。

2．5G 网络中的几个关键技术

（1）OFDM。OFDM 即正交频分复用技术，实际上 OFDM 是多载波调制（MCM Multi–CarrierModulation）的一种。其主要原理是：将待传输的高速串行数据经串／并变换，变成在 N 个子信道上并行传输的低速数据流，再用 N 个相互正交的载波进行调制，然后叠加一起发送。接收端用相干载波进行相干接收，再经并／串变换恢复为原高速数据。

OFDM 技术有很多优点：可以消除或减小信号波形间的干扰，对多径衰落和多普勒频移不敏感，提高了频谱利用率；适合高速数据传输；抗衰落能力强；抗码间干扰（ISI）能力强。

（2）软件定义的无线电（SDR）。软件定义的无线电是以标准化、模块化的硬件平台为依托，利用软件加载方式来实现各类无线电通信系统的一种开放式结构的技术。其核心思想是使宽带模数转换器（A/D）及数模转换器（D/A）等先进的模块尽可能地接近射频天线的要求，尽可能多地用软件来定义无线功能。其软件系统包括各类无线信令规则与处理软件、信号流变换软件、调制解调算法软件、信道纠错编码软件和信源编码软件等。软件定义的无线电技术主要涉及数字信号处理硬件（DSPH）、现场可编程器件（FPGA）和数字信号处理（DSP）等。

（3）智能天线技术（SA）。智能天线定义为波束间没有切换的多波束或自适应阵列天线。智能天线具有抑制信号干扰、自动跟踪以及数字波束调节等智能功能，被认为是未来移动通信的关键技术。智能天线成形波束能在空间域内抑制交互干扰，增强特殊范围内想要的信号，这种技术既能改善信号质量，又能增加传输容量。其基本原理是在无线基站端使用天线阵和相干无线收发信机来实现射频信号的接收和发射。同时，通过基带数字信号处理器，对各个天线链路上接收到的信号按一定算法进行合并，实现上行波束赋形。

目前，智能天线的工作方式主要有两种：全自适应方式和基于预多波束的波束切换方式。

（4）多输入多输出技术（MIMO）。多输入多输出技术是指在基站和移动终端都有多个天线。MIMO 技术为系统提供空间复用和空间分集增益。空间复用是在接收端和发射端使用多个天线，充分利用空间传播中的多径分量，在同一频带上使用多个子信道发射信号，使容量随天线数量的增加而线性增加。空间分集有发射分集和接收分集两类。基于分集技术与信道编码技术的空时码可获得高的编码增益和分集增益，已成为该领域的研究热点。MIMO 技术可提供很高的频谱利用率，且其空间分集可显著改善无线信道的性能，提高无线系统的容量及覆盖范围。

APN 指一种网络接入技术，是通过手机上网时必须配置的一个参数，它决定了手机通过哪种接入方式来访问网络。使用 AT+CGDCONT 命令设置 modem，默认为 APN，如图 3–6 所示。

查看设备 modem APN：AT+CGDCONT？，可以用于查看 APN；

修改 modem APN：使用"AT+CGDCONT="来修改 APN 参数；

Command	Possible response(s)
+CGDCONT=[<cid>[,<PDP_type>[,<APN>[,< PDP_addr>[,<d_comp>[,<h_comp>[,<IPv4Ad drAlloc>[,<request_type>[,<P-CSCF_discovery>[,<IM_CN_Signalling_Flag_Ind>[,<NSLPI>[,<securePCO>[,<IPv4_MTU_discovery>[,<Local_Addr_Ind>[,<Non-IP_MTU_discovery>[,<Reliable_Data_Service >[,<SSC_mode>[,<S-	OK or: +CME ERROR: <err>

图 3–6

NSSAI>[, <ricr_access_type>[, <KQOS_md>[, < PDU>[, <Always-]]]]]]]]]]]]]]]]]]]]]]]	
AT+CGDCONT?	[+CGDCONT: <cid>,<PDP_type>,<APN>,<PDP_addr>,<d_comp>,<h_comp>[,<IPv4AddrAlloc>[,<request_type>[,<P-CSCF_discovery>[,<IM_CN_Signalling_Flag_Ind>[,<NSLPI>[,<securePCO>[,<IPv4_MTU_discovery>[,<Local_Addr_Ind>[,<Non-IP_MTU_discovery>[,<Reliable_Data_Service>[,<SSC_mode>[,<S-NSSAI>[,<Pref_access_type>[,<RQoS_ind>[,<MH6-PDU>[,<Always-on_req>]]]]]]]]]]]]]]]] [<CR><LF>+CGDCONT: <cid>,<PDP_type>,<APN>,<PDP_addr>,<d_comp>,<h_comp>[,<IPv4AddrAlloc>[,<request_type>[,<P-CSCF_discovery>[,<IM_CN_Signalling_Flag_Ind>[,<NSLPI>[,<securePCO>[,<IPv4_MTU_discovery>[,<Local_Addr_Ind>[,<Non-IP_MTU_discovery>[,<Reliable_Data_Service>[,<SSC_mode>[,<S-NSSAI>[,<Pref_access_type>[,<RQoS_ind>[,<MH6-PDU>[,<Always-on_req>]]]]]]]]]]]]]]]] [...]]
AT+CGDCONT=?	+CGDCONT: (range of supported <cid>s),<PDP_type>,,,(list of supported <d_comp>s),(list of supported <h_comp>s),(list of supported <IPv4AddrAlloc>s),(list of supported <request_type>s),(list of supported <P-CSCF_discovery>s),(list of supported <IM_CN_Signalling_Flag_Ind>s),(list of supported <NSLPI>s),(list of supported <securePCO>s),(list of supported <IPv4_MTU_discovery>s),(list of supported<Local_Addr_Ind>s),(list of supported <Non-IP_MTU_discovery>s),(list of supported <Reliable_Data_Service>s),(list of supported <SSC_mode>s),,(list of supported <Pref_access_type>s),(list of supported <RQoS_ind>s),(list of supported <MH6-PDU>s),(list of supported <Always-on_req>s)
	[<CR><LF>+CGDCONT: (range of supported <cid>s),<PDP_type>,,,(list of supported <d_comp>s),(list of supported <h_comp>s),(list of supported <IPv4AddrAlloc>s),(list of supported <request_type>s),(list of supported <P-CSCF_discovery>s),(list of supported <IM_CN_Signalling_Flag_Ind>s),(list of supported <NSLPI>s),(list of supported <securePCO>s),(list of supported <IPv4_MTU_discovery>s),(list of supported<Local_Addr_Ind>s),(list of supported <Non-IP_MTU_discovery>s),(list of supported <Reliable_Data_Service>s),(list of supported <SSC_mode>s),,(list of supported <Pref_access_type>s),(list of supported <RQoS_ind>s),(list of supported <MH6-PDU>s),(list of supported <Always-on_req>s) [...]]

图 3-6

<cid> 1~3：数值型参数，用于指定 PDP 上、下文标识。该参数对 TE–MT 接口而言是本地参数，并且可用于其他 PDP 上、下文相关命令。

<PDP_type> "IP"（分组数据协议类型）：字符型参数，用于指定分组数据协议的类型，仅支持 "IP"，（Internet Protocol，互联网协议）。

<APN>：接入点名称，表示一个字符串参数，用于选择 GGSN 或外部分组数据网络的逻辑名称。若该参数取值为空或省略，则需要请求签约值。

<PDP_addr>：字符型参数，用于表示对于特定 PDP 上、下文，MT 分配的地址空间。若该参数取值为空或省略，则 TE 在 PDP 启动过程中提供其他取值；若不能提供其他取值，则需要请求动态地址。即便在 PDP 启动过程中已分配地址，该命令的读出形式仍继续返回为空。使用 AT+CGPADDR 命令，可读出该分配地址。

<d_comp> 关闭（若取值省略，则该参数为缺省值）：数值型参数；用于控制 PDP 数据压缩。

<h_comp> 关闭（若取值省略，则该参数为缺省值）：数值型参数；用于控制 PDP 头压缩。

五、实验步骤

1．实验准备

见第 1 章 5G 终端模块状态查询 1.1 中的实验准备。

2．操作步骤

Step1　打开 AT 指令软件，在发送框中输入 "at"，然后单击 "发送"，若返回 "OK"，则表明模块与串口联通，如图 3–7 所示。

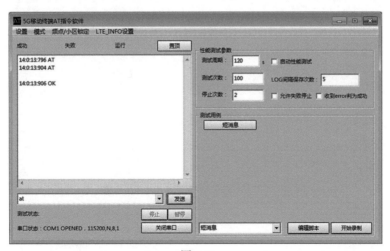

图 3–7

Step2　在发送框中输入 "ATE0"，单击 "发送"。

Step3　在发送框中输入"AT+GTUSIM"，单击"发送"。

Step4　在发送框中输入"AT+CMEE=1"，单击"发送"。

Step5　在发送框中输入"AT+ CFUN=0"，单击"发送"。

Step6　在发送框中输入"AT+ CFUN=1"，单击"发送"。

Step7　在发送框中输入"AT+ C5GREG=1"，单击"发送"。

Step8　在发送框中输入"AT+COPS?"，单击"发送"。

Step9　在发送框中输入"AT+CGDCONT=1，"IP"，"CMCC""，单击"发送"，表示设置 APN。

Step10　在发送框中输入"AT+CGDCONT ?"，单击"发送"。

Step11　在发送框中输入"AT$QCRMCALL=1,1"，单击"发送"。通过 RMNET 调制解调器进行拨号，当返回"OK"时，表示拨号成功。实验结束后，需要将所有发送指令及返回结果记录在"六、实验记录"中。

实验完成后可以发现：PC 机的网络连接下新增了移动宽带连接，PC 机可以上网。

 CMCC
公用网络

 访问类型：　Internet
连接：　移动宽带连接 4

六、实验记录

实验结果如图 3-8 所示。

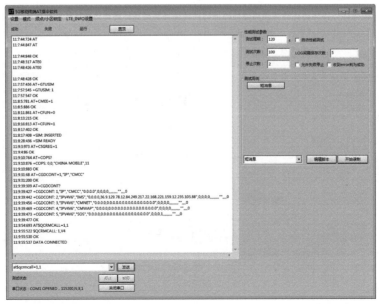

图 3-8

在 "FIBOCOM FG150 & FM150 AT Commands User Manual_V3.6.2" 文档中检索 AT 指令，写出对应的含义，如表 3–5 所示。

表 3–5　各指令对应的含义

序号	AT 指令	AT 指令返回值	AT 指令返回含义
1	AT	OK	表明模块与串口联通
2	ATE0	OK	关掉回显
3	AT+GTUSIM	+GTUSIM：1	此命令用于检查当前使用的 SIM 卡类型。返回结果为 1 表示 SIM 卡类型为 USIM
4	AT+ CMEE=1	OK	开启错误报告
5	AT+ CFUN=0	OK	fun 为 0 的时候表示最小功能，表示将手机的功能设置为最小
6	AT+ CFUN=1	OK	fun 为 1 的时候表示全部功能，表示将手机的功能设置为最强大，该条命令完成后表示激活了协议栈
7	AT+ C5GREG=1	OK	打开 +C5GREG 主动上报功能
8	AT+COPS?	+COPS：0,0，"CHINA MOBILE" ,11	NR 连接到 5G 网络
9	AT+CGDCONT=1，"IP"，"CMCC"	OK	设置 APN

续表

序号	AT 指令	AT 指令返回值	AT 指令返回含义
10	AT+CGDCONT？	+CGDCONT：1，"IP"，"CMCC"，"0.0.0.0"，0,0,0,0,,,,,, ",,," ,,,,0 11：9：39：442 +CGDCONT：2，"IPV4V6"，"IMS"，"0.0.0.0,36.9.129.78.12.84.249.217.22.168.221.159.12.235.103.88"，0,0,0,0,,,,,,,,, "" ,,,,0 +CGDCONT：3，"IPV4V6"，"CMNET"，"0.0.0.0,0.0.0.0.0.0.0.0.0.0.0.0.0.0.0.0"，0,0,0,0,,,,,,,,, "" ,,,,0 +CGDCONT：4，"IPV4V6"，"CMWAP"，"0.0.0.0,0.0.0.0.0.0.0.0.0.0.0.0.0.0.0.0"，0,0,0,0,,,,,,,,, "" ,,,,0 +CGDCONT：5，"IPV4V6"，"SOS"，"0.0.0.0,0.0.0.0.0.0.0.0.0.0.0.0.0.0.0.0"，0,0,0,1,,,,,,,,, "" ,,,,0	查看 APN
11	AT$QCRMCALL=1,1	OK	拨号成功

第4章 工程参数分析实验

4.1 5G 终端模块服务小区信息获取与分析实验

一、实验目的

1. 了解 5G 终端模块的常规操作和 AT 指令的用法
2. 掌握通过 AT 指令获取 5G 终端模块服务小区状态的方法
3. 掌握 5G 终端模块工程模式下服务小区信息的含义
4. 掌握 5G 终端模块获取工程参数的方法,以及各参数的详细含义

二、实验设备

1. 5G 智能终端实验开发平台　　1 个
2. 5G SIM 卡　　1 张
3. PC 机　　1 台

三、实验内容

1. 了解 5G 终端模块工程模式下服务小区信息的含义
2. 查找相关资料了解每个参数的含义
3. 查看实验箱上 5G 终端模块工程模式下各个参数并分析其含义

四、实验原理

1. 工程模式介绍

(1) 工程模式,其实是指利用手机检测基站各种指标参数所处的一种工作模式。各家移动电话制造公司均有专门的开启工程模式的产品出售,它具备普通用户使用的移动电话的所有功能,同时可用于检测移动电话所处位置的信息,包括场强与基站的距离、手机所占频道号码以及目前所使用的临时号码等,因此,价格往往高出普通移动电话许多。

（2）工程模式的用途。

①分析接收信号状况。我们经常遇到同一品牌不同型号的两部手机或不同品牌的两部手机在同一地点，信号强度显示不一样。有的用户觉得信号格数并不重要，只要能正常拨打电话和接收信息就行。单凭信号格数来判断手机收、发信号质量是不准确的，但如果打开手机工程模式，接收信号的状况就从格数显示为数值了，收发信号强弱无所遁形。

②可知基站编号。除上述反映收、发信号状况时会用到基站 ID 外，如基站不小心"挂掉"时，可以通知网络运营商派人处理。

③可知基站距离。开启手机工程模式的用户如果看到附近的基站都离自己经常活动的范围很远，信号不强，通话质量欠佳，就可以反映到客户服务部门，帮助他们改善网络状况。

④免除网络塞车之苦。移动电话一般都是选择最近、最强的基站注册，并停留在此频道。能开启工程模式且有锁频功能的手机，当你"塞车"时，可以用锁频功能强行使手机向别的基站注册并使用，免去频道"塞车"之苦。

2．服务小区信息介绍

服务小区内容包括以下 14 个信息：

（1）IsServiceCell：是否为服务小区指示。

1：代表服务小区；

2：代表非服务小区。

（2）rat：无线接入方式。

0：无效网络；

2：WCDMA；

4：LTE；

9：NR–RAN。

（3）MCC：移动国家码（Mobile Country Code）。

用于识别移动台所属国家。MCC 的资源由国际电联（ITU）统一分配和管理，唯一识别移动用户所属的国家，共 3 位，中国为 460。

（4）MNC：移动网络码（Mobile Network Code）。用于识别移动客户所属的移动网络。 MNC 由两个十进制数组成，编码范围为十进制的 00——99，中国移动的 MNC 为 00、02、04 和 06，中国联通的 MNC 为 01、05、07，中国电信的 MNC 为 03。

（5）TAC：跟踪区域码（Tracking Area Code）。在 LTE 网络中定义了驻留小区所属的跟踪区域，一个跟踪区域可以涵盖一个或者多个小区，而该码对于一个特定的 PLMN 来说则是唯一的。

（6）Cellid：小区 ID（Cell Identity）。当前服务小区的 ID，小区 ID 不同于物理小区

ID，小区 ID 是运营商日常操作、管理、维护工作时确定目标小区的工具，根据运营商的规划可以自行设定数字。而物理小区标识范围为 0~503，它是用来帮助移动终端区分发射机的。一个物理小区 ID 确定主要和次要同步信号序列。它类似于 UMTS 的扰码。

（7）Narfcn：5G 频点号（NR–ARFCN）。根据 2017 年 12 月发布的 V15.0.0 版 TS 38.104 规范，5G NR 的频率范围分别定义为不同的 FR：FR1 与 FR2。频率范围 FR1 即通常所讲的 5G Sub–6 GHz（6 GHz 以下）频段，频率范围 FR2 则是 5G 毫米波频段，见表 4–1。

表 4–1　5GNR 的频率范围

频率范围名称	对应具体频率范围
FR1	450 ～ 6000 MHz
FR2	24 250 ～ 52 600 MHz

众所周知，TDD 和 FDD 是移动通信系统中的两大双工制式。在 4G 中，针对 FDD 与 TDD 分别划分了不同的频段，在 5G NR 中也同样为 FDD 与 TDD 划分了不同的频段，同时还引入了新的 SDL（补充下行）与 SUL（补充上行）频段。

5G NR 的频段号以"n"开头，与 LTE 的频段号以"B"开头不同。目前，3GPP 指定的 5G NR 频段如下：

① FR1（Sub–6 GHz）范围内，如图 4–1 所示。

NR 频段号	上行频段 基站接收 / UE发射	下行频段 基站发射 / UE接收	双工模式
n1	1920 MHz ~ 1980 MHz	2110 MHz ~ 2170 MHz	FDD
n2	1850 MHz ~ 1910 MHz	1930 MHz ~ 1990 MHz	FDD
n3	1710 MHz ~ 1785 MHz	1805 MHz ~ 1880 MHz	FDD
n5	824 MHz ~ 849 MHz	869 MHz ~ 894 MHz	FDD
n7	2500 MHz ~ 2570 MHz	2620 MHz ~ 2690 MHz	FDD
n8	880 MHz ~ 915 MHz	925 MHz ~ 960 MHz	FDD
n20	832 MHz ~ 862 MHz	791 MHz ~ 821 MHz	FDD
n28	703 MHz ~ 748 MHz	758 MHz ~ 803 MHz	FDD
n38	2570 MHz ~ 2620 MHz	2570 MHz ~ 2620 MHz	TDD
n41	2496 MHz ~ 2690 MHz	2496 MHz ~ 2690 MHz	TDD
n50	1432 MHz ~ 1517 MHz	1432 MHz ~ 1517 MHz	TDD
n51	1427 MHz ~ 1432 MHz	1427 MHz ~ 1432 MHz	TDD
n66	1710 MHz ~ 1780 MHz	2110 MHz ~ 2200 MHz	FDD
n70	1695 MHz ~ 1710 MHz	1995 MHz ~ 2020 MHz	FDD
n71	663 MHz ~ 698 MHz	617 MHz ~ 652 MHz	FDD
n74	1427 MHz ~ 1470 MHz	1475 MHz ~ 1518 MHz	FDD
n75	N/A	1432 MHz ~ 1517 MHz	SDL
n76	N/A	1427 MHz ~ 1432 MHz	SDL
n77	3300 MHz ~ 4200 MHz	3300 MHz ~ 4200 MHz	TDD
n78	3300 MHz ~ 3800 MHz	3300 MHz ~ 3800 MHz	TDD
n79	4400 MHz ~ 5000 MHz	4400 MHz ~ 5000 MHz	TDD
n80	1710 MHz ~ 1785 MHz	N/A	SUL
n81	880 MHz ~ 915 MHz	N/A	SUL
n82	832 MHz ~ 862 MHz	N/A	SUL
n83	703 MHz ~ 748 MHz	N/A	SUL
n84	1920 MHz ~ 1980 MHz	N/A	SUL

图 4–1

② FR2（毫米波）范围内，如图 4-2 所示。

NR 频段号	上行/下行频段 基站接收 / UE 发射	双工模式
n257	26 500 MHz ～ 29 500 MHz	TDD
n258	24 250 MHz ～ 27 500 MHz	TDD
n260	37 000 MHz ～ 40 000 MHz	TDD

图 4-2

（8）PCI：物理小区 ID（Physical Cell Identity）。物理小区标识（PCI）是物理层上的小区标识，用于区分不同小区的无线信号，保证在相关小区覆盖范围内没有相同的物理小区标识，可用于创建同步信号，包括主同步信号（PSS）和次同步信号（SSS）。PCI 规划是自配置中最重要的部分之一，因为它在小区搜索中发挥着重要的作用。

（9）BAND：频段。5G 频段组成：50+ 频段号，其中：50 代表 5G，5G 频段有 77、78、79、41。

NR：BAND_NR_1~ BAND_NR_512。

（10）Bandwidth：带宽，取值范围为 0 ～ 255。

（11）SS–SINR：基于同步信号的信噪比和干扰比（synchronization signal based signal to noise and interference ratio），SS–SINR 是辅同步信号（SS）信噪比和干扰之比值。它是同一频带宽度内，携带辅同步（SSS）的资源粒子功率（W）除以噪声和干扰功率贡献（瓦特）的线性平均值，如图 4-3 所示。

```
0      ss_sinr < -23 dB
1      -23 dB≤ ss_sinr <-22.5 dB
2      -22.5 dB≤ ss_sinr <-22 dB
:           :    :    :
125 39 dB≤ ss_sinr < 39.5 dBm
126 39.5 dB≤ ss_sinr < 40 dB
127 40 dB ≤ ss_sinr
255 not known or not detectable
```

图 4-3

（12）rxlev：同步信号参考信号接收功率，取值范围为 0~255，如图 4-4 所示。

（13）SS–RSRP：同步信号参考信号接收功率（synchronization signal based reference signal received power）。它等同于 rxlev，取值范围为 0~255，是同步信号在每个 RE 的平均功率，其测量在 SMTC 中的窗时段进行，如图 4-5 所示。

For NR:

0	SS-RSRP < -156 dBm
1	-156 dBm≤SS-RSRP<-155 dBm
2	-155 dBm≤SS-RSRP<-154 dBm
:	:　:　:
125	-32 dBm≤SS-RSRP<-31 dBm
126	-31 dBm≤SS-RSRP
255	not known or not detectable

图 4-4

0	ss_rsrp < -156 dBm
1	-156 dBm≤ ss_rsrp <-155 dBm
2	-155 dBm≤ ss_rsrp <-154 dBm
:	:　:　:
125	-32 dBm≤ ss_rsrp <-31 dBm
126	-31 dBm≤ ss_rsrp
255	not known or not detectable

图 4-5

在 5G（NR）网络中，终端基于 SS-RSRP 进行测量，根据它进行小区选择、重选、功率控制和波束管理；RSRP 测量报告生成、报告分为 Layer 1（Phy）和 Layer 3（RRC），UE 在 Layer 1 进行 SS-RSRP 测量，伴随 CSI 向 gNB 上报 Layer 3 测量报告（MR）。

UE 支持 PBCH-DMRS 测量时生成 SS-RSRP 报告；这是因为 DMRS 和 SS-Signal 使用相同的功率进行发送，其结果可以直接使用；当 UE 进行 Layer 1 的 CSI-RS 测量报告时，UE 也可以使用 CSI-RS 的测量结果。

相对 SS-Signals 和 PBCH DMRS，gNB 为 UE 提供偏滞信息，以供 UE 对测量结果进行评估处理。

同步信号 SS-RSRP 特点：

① SS-RSRP 接收到承载 SS-Signal 单个信号资源功率的平均；

② 平均是用线性单位（mWatts），而不是 dBm 来计算；

③ 功率仅根据符号中有用部分期间接收到的能量计算，不包括循环前缀部分；

④ FR1 中，在 ue 天线连接器处进行测量，假设 ue 在每条接收路径上有一个单天线单元，而不是一个天线阵列；

⑤ FR2 中，基于属于单一接收路径的所有天线单元的组合信号强度进行测量，假设

每个接收路径具有天线阵列；

⑥ 以上测量均在 Layer 1 和 Layer 3 进行滤波；

⑦ SS–RSRP Layer 1 测量用于波束管理，以便终端在波束之间快速切换；

⑧ 3GPP TS38.133 定义了 Layer 1 和 Layer 3 之间测量及报告的映射关系；

⑨ 3GPP 定义 RSRP 取值 LTE 中最小为 –140 dBm，而 5G（NR）中为 –156 dBm；对于 eMTC，应用其覆盖在 LTE 上时，–44dBm 提高到 –31 dBm，以提高 UE 的波束赋形增益。

（14）SS–RSRQ：同步信号参考信号接收质量（synchronization signal based reference signal received quality）。它是 N*SS–RSRP /NR 载波的 RSSI 比值，其中 N 是 NR 载波 RSSI 测量带宽中的资源块数。分子和分母的测量应在同一组资源块上进行。终端支持如图 4–6 所示。

```
0      ss_rsrq < -43 dB
1      -43 dB≤ ss_rsrq <-42.5 dB
2      -42.5 dB≤ ss_rsrq <-42 dB
:          :   :   :
124 18.5 dB≤ ss_rsrq < 19 dB
125 19 dB≤ ss_rsrq < 19.5 dB
126 19.5 dB ≤ ss_rsrq <20 dB
255 not known or not detectable
```

图 4–6

五、实验步骤

1．实验准备

见第 1 章 5G 终端模块状态查询 1.1 中的实验准备。

2．操作步骤

Step1　打开 AT 指令软件，在发送框中输入"at"，然后单击"发送"，若返回"OK"，则表明模块与串口联通，如图 4–7 所示。

Step2　在发送框中输入"ATE0"，单击"发送"。

Step3　在发送框中输入"AT+GTUSIM"，单击"发送"。

Step4　在发送框中输入"AT+ CMEE=1"，单击"发送"。

Step5　在发送框中输入"AT+ CFUN=0"，单击"发送"。

Step6　在发送框中输入"AT+ CFUN=1"，单击"发送"。

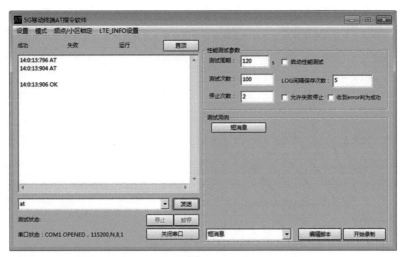

图 4–7

Step7　在发送框中输入"AT+ C5GREG=1"，单击"发送"。

Step8　在发送框中输入"AT+COPS?"，单击"发送"。

Step9　在发送框中输入"AT+GTCCINFO?"，单击"发送"。将返回结果记录在"六、实验记录"中。

Step10　获取服务小区的信息，如图 4–8 所示。

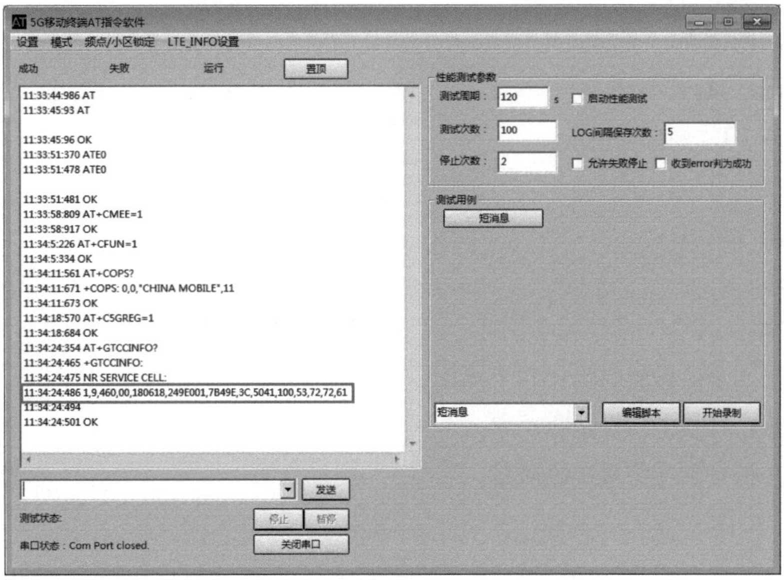

图 4–8

Step11　对服务小区的信息进行解析，如图 4–9 所示。

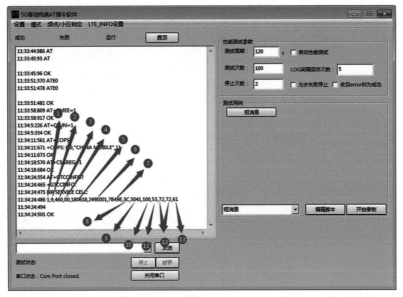

图 4–9

图中：

①为服务小区；

②为接入技术；

③为移动国家码；

④为移动网络码；

⑤为跟踪区域码；

⑥为小区 ID；

⑦为频率信道号；

⑧为物理小区 ID；

⑨为频段；

⑩为带宽；

⑪为基于同步信号的信噪比和干扰比；

⑫为同步信号参考信号接收功率；

⑬为同步信号参考信号接收质量。

六、实验记录

实验结果如图 4–10 所示。

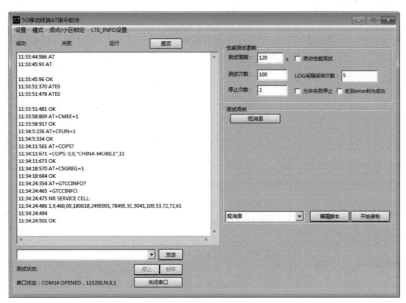

图 4-10

对抓取的工程参数进行分析，见表 4-2。

表 4-2 工程参数

序号	服务小区信息	实测值	实测值分析	服务小区信息含义
1	IsServiceCell	1	1：代表服务小区	IsServiceCell 反馈是否为服务小区
2	RAT	9	当前接入的网络是 NR–RAN（5G）	Rat 反馈的是接入技术，即接入的是哪种通信网络
3	MCC	460	460 代表中国	MCC 是 Mobile Country Code 的缩写，代表移动国家码
4	MNC	00	00 代表中国移动	MNC 是 Mobile Network Code 缩写，代表移动网络码
5	TAC	180618	180618 十进制转换为十六进制为 2C18A，满足范围 0–0xFFFFF	TAC 是 Tracking area code 缩写，代表跟踪区域码
6	Cellid	249E001	整数类型和范围是 0 ~ 0xFFFFFFFF，249E001 在 0 ~ 0xFFFFFFFF 范围内	当前服务小区的 ID。小区 ID 是运营商日常操作、管理、维护工作时确定目标小区的工具，数字根据运营商的规划可以自行设定。
7	Narfcn	7B49E	整数类型和范围是 0 ~ 0xFFFFFFFF；射频频道号，7B49E 在 0 ~ 0xFFFFFFFF 范围内	频率信道号（NR–ARFCN）

序号	服务小区信息	实测值	实测值分析	服务小区信息含义
8	PhysicalcellId	3C	整数类型和范围是 0 ~ 0xFFFFFFFF；物理小区 ID，3C 在 0 ~ 0xFFFFFFFF 范围内	物理小区 ID（Physical Cell Identity）是物理层上的小区标识，用于区分不同小区的无线信号，保证在相关小区覆盖范围内没有相同的物理小区标识，可用于创建同步信号，包括主同步信号（PSS）和次同步信号（SSS）
9	band	5041	BAND_NR_1 – BAND_NR_512.，50 代表 5G，频段为 41	频段 NR：BAND_NR_1~BAND_NR_512
10	bandwidth	100	整数类型和范围是 0 ~ 255；100 在 0 ~ 255 范围内	带宽，取值范围为 0~255
11	SS–SINR	53	0 ss_sinr < −23 dB 1 −23 dB ≤ ss_sinr < −22.5 dB 2 −22.5 dB ≤ ss_sinr < −22 dB ： ： ： ： 125 39 dB ≤ ss_sinr < 39.5 dB 126 39.5 dB ≤ ss_sinr < 40 dB 127 40 dB ≤ ss_sinr 255 not known or not detectable 由此可以推算出，53 在 127 40 dB ≤ ss_sinr 范围内	基于同步信号的信噪比和干扰比（synchronization signal based signal to noise and interference ratio），SS–SINR 是辅同步信号（SS）信噪比和干扰之比值。
12	rxlev	72	For NR： 0 SS–RSRP < −156 dBm 1 −156 dBm ≤ SS–RSRP < −155 dBm 2 −155 dBm ≤ SS–RSRP < −154 dBm ： ： ： ： 125 −32 dBm ≤ SS–RSRP < −31 dBm 126 −31 dBm ≤ SS–RSRP 255 not known or not detectable 由此可以推算出，72 在 126 −31 dBm ≤ SS–RSRP 范围内	同步信号参考信号接收功率
13	SS–RSRP	72	同 rxlev	同步信号参考信号接收功率（synchronization signal based reference signal received power），等同于 rxlev，取值范围为 0~255，是同步信号在每个 RE 的平均功率

续表

序号	服务小区信息	实测值	实测值分析	服务小区信息含义
14	SS–RSRQ	61	0 ss_rsrq < –43 dB 1 –43 dB ≤ ss_rsrq <–42.5 dB 2 –42.5 dB ≤ ss_rsrq <–42 dB ： ： ： ： 124 18.5 dB ≤ ss_rsrq < 19 dB 125 19 dB ≤ ss_rsrq < 19.5 dB 126 19.5 dB ≤ ss_rsrq <20 dB 255 not known or not detectable 由此可以推算出，61 在 211 61 dB ≤ ss_rsrq <61.5 dB 范围内	同步信号参考信号接收质量（synchronization signal based reference signal received quality），参见 3GPP TS 38.133 ［169］第 10.1.11 节，它是 N* SS–RSRP /NR 载波的 RSSI 比值，其中 N 是 NR 载波 RSSI 测量带宽中的资源块数

4.2　5G 终端模块邻区信息获取与分析实验

一、实验目的

1. 了解 5G 终端模块的常规操作和 AT 指令的用法
2. 掌握通过 AT 指令获取 5G 终端模块小区状态的方法
3. 掌握 5G 终端模块工程模式下同频和异频邻区信息的含义
4. 掌握 5G 终端模块获取工程模式的方法和各参数的详细含义

二、实验设备

1. 5G 智能终端实验开发平台　　1 个
2. 5G SIM 卡　　1 张
3. PC 机　　1 台

三、实验内容

1. 学习 5G 终端模块工程模式下同频和异频邻区信息的含义
2. 查找相关资料了解每个参数的含义
3. 查看实验箱上 5G 终端模块工程模式下各个参数并分析其含义

四、实验原理

与 4.1 小节实验原理相同。

五、实验步骤

1．实验准备

见第 1 章 5G 终端模块状态查询 1.1 中的实验准备。

2．操作步骤

Step1　打开 AT 指令软件，在发送框中输入"at"，然后单击"发送"，若返回"OK"，则表明模块与串口联通，如 4–11 所示。

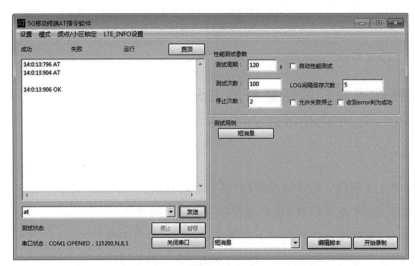

图 4–11

Step2　在发送框中输入"ATE0"，单击"发送"。

Step3　在发送框中输入"AT+GTUSIM"，单击"发送"。

Step4　在发送框中输入"AT+ CMEE=1"，单击"发送"。

Step5　在发送框中输入"AT+ CFUN=0"，单击"发送"。

Step6　在发送框中输入"AT+ CFUN=1"，单击"发送"。

Step7　在发送框中输入"AT+ C5GREG=1"，单击"发送"。

Step8　在发送框中输入"AT+COPS?"，单击"发送"。

Step9　在发送框中输入"AT+GTCCINFO?"，单击"发送"。

Step10　由于有时候 5G 信号差，可能检测不到邻区信息，此时需要进入 LTE 网络，查看 LTE 邻区信息。进入 LTE 网络的指令如下：在发送框中输入"AT+GTRAT=3"，进入 LTE 网络。此时可以输入"AT+COPS?"，查看是否进入 LTE 网络（LTE 网络返回结果为 7，5G 网络返回结果为 11 ），如图 4–12 所示。

```
11:30:50:247 AT+GTRAT=3
11:30:50:379 OK
11:30:56:317 AT+COPS?
11:30:56:434 +COPS: 0,0,"CHINA MOBILE",7
11:30:56:446 OK
11:35:21:317 AT+GTCCINFO?
```

图 4-12

Step11　在发送框中重新输入"AT+GTCCINFO?"，单击"发送"，查看 LTE 网络下的邻区信息，如图 4-13 所示。

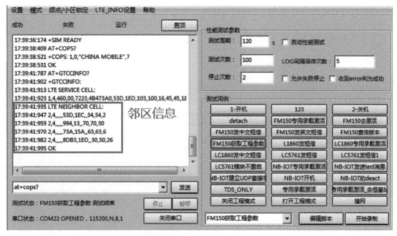

图 4-13

Step12　对邻区信息进行解析，如图 4-14 所示。

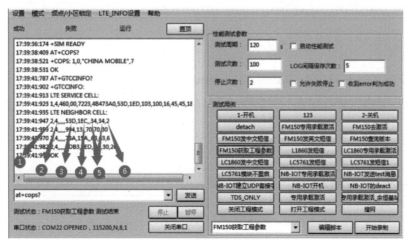

图 4-14

其中：

①为非服务小区；

②为接入技术；

③为频率信道号；

④为物理小区 ID；

⑤为参考信号接收功率；

⑥为参考信号接收质量。

Step13　在发送框中输入"AT+GTRAT=20,6,3"，返回当前 5G 网络，以便后续做其他实验。此时可以输入"AT+COPS?"，查看是否回到 5G 网络（LTE 网络返回结果为 7，5G 网络返回结果为 11）。

六、实验记录

实验结果如图 4–15 所示。

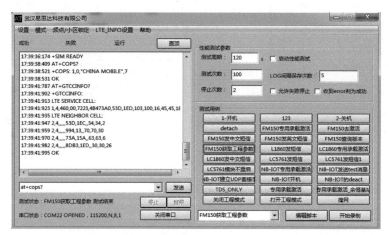

图 4–15

在"FIBOCOM FG150 & FM150 AT Commands User Manual_V3.6.2"文档中，检索"GTCCINFO"指令，查找 LTE 下的参数，写出对应的含义（只需填写第一条邻区信息即可），见表 4–3。

表 4–3　LTE 下的参数及含义

序号	邻区信息	实测值	实测值分析	邻区信息含义
1	IsServiceCell	2	2：代表非服务小区	IsServiceCell 反馈是否为服务小区

续表

序号	邻区信息	实测值	实测值分析	邻区信息含义
2	RAT	4	当前接入的网络是 LTE	Rat 反馈的是接入技术，即接入的是哪种通信网络
3	Earfcn	53D	整数类型和范围是 0 ~ 0xFFFFFFFF；射频频道号，53D 在 0 ~ 0xFFFFFFFF 范围内	频率信道号（E–UTRA Absolute Radio Frequency Channel Number）
4	PCI	1EC	整数类型和范围是 0 ~ 0xFFFFFFFF；1EC 在 0 ~ 0xFFFFFFFF 范围内	物理小区 ID（Physical Cell Identity），LTE 用 PCI 来区分小区，LTE 小区搜索流程中通过检索主同步序列（PSS，共有 3 种可能性）、辅同步序列（SSS，共有 168 种可能性），二者相结合来确定具体的小区 ID，同时也决定了 PCI 总数为 3*168=504 个
5	rxlev	34	For LTE: 0 RSRP < −140dBm 1 −140dbm ≤ RSRP < −139dBm 96 − 45dbm ≤ RSRP < −44dBm 97 −44dbm ≤ RSRP，由此可以推算出，34 在 97 −44dBm ≤ RSRP 范围内	参考信号接收功率
6	RSRP	34	RSRP 取值范围为 0 ~ 255，34 在范围内 注：0 表示小于 −140 dBm 或检测不到	参考信号接收功率（Reference Signal Received Power），RSRP 是无线网络中可以代表无线信号强度的关键参数以及物理层测量需求之一，是在某个符号内承载参考信号的所有 RE（资源粒子）上接收到的信号功率的平均值
7	RSRQ	2	0 .. RSRQ < −19.5dB 1 .. −19.5dB ≤ RSRQ < −19.0dB : 33 −3.5dB ≤ RSRQ < −3.0dB 34 −3.0dB ≤ RSRQ，由此可以推算出，2 在 34 −3.0dB ≤ RSRQ 范围内	参考信号接收质量（reference signal received quality），RSRQ 表示 LTE 参考信号接收质量，RSRQ 被定义为 N*RSRP/（LTE 载波 RSSI）之比，其中 N 是 LTE 载波 RSSI 测量带宽的资源块（RB）个数

第 5 章　App 实验

5.1　电话 App 开发

一、实验目的

1. 掌握 5G 网络的基础知识
2. 掌握 AT 指令基础知识及分类
3. 掌握 5G 模块的通信方式

二、实验设备

1. 5G 智能终端实验开发平台　　1 个
2. 5G SIM 卡　　1 张
3. PC 机　　1 台

三、实验内容

1. AT 指令的基础知识
2. 5G 网络的基础知识
3. 通过 AT 指令控制 5G 模块实现主叫和被叫功能

四、实验原理

见第 1 章 1.1 小节的实验原理。

五、实验步骤

1. 实验准备

Step1　在如图 5–1 所示接口处，将电源 typeC 连接到 DC 5V 电源线适配器。

Step2　将 USB 线（typeC）的一端插入 5G 智能终端实验开发平台顶部的 ADB 口，另一端插入电脑的 USB 口。

图 5–1

Step3　将 S5 拨到"ARM"端，在天线端子插上 4 根天线。

Step4　在 5G 智能终端平台的 SIM 卡 1 装入一张 SIM 小卡（如果进入运营商网络则插入中国移动手机卡，如果进入实验室内网，则插入一张白卡）。

Step5　插上 5 V 适配器电源，给模块上电，在 5G 智能终端平台右侧找到开关，打开 5G 模块电源，如图 5–2 所示。

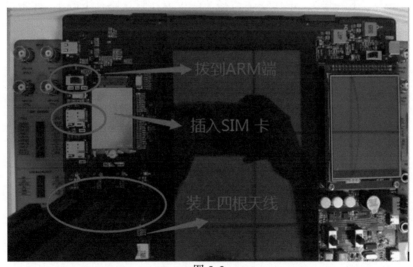

图 5–2

2．软件安装

（1）安装 JDK。

Step1　双击 jdk–7u80–windows–i586 .exe 运行安装程序，进入安装界面，单击"下一步"，如图 5–3 所示。

图 5–3

Step2　单击"下一步"，记住安装路径（建议就在默认路径下载），如图 5–4 所示。

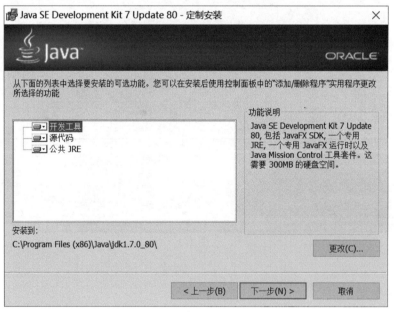

图 5–4

Step3　弹出"状态"进度界面，如图 5–5 所示，稍等片刻。

图 5–5

Step4　出现如图 5–6 所示页面, 则表示 JDK 安装成功。

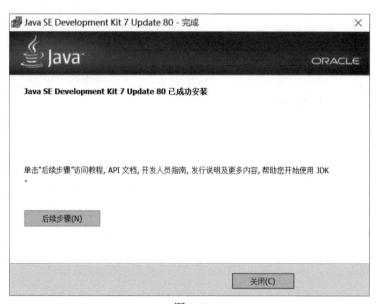

图 5–6

（2）配置 Java 环境变量。

Step1　右键单击"我的电脑 → 属性 → 高级系统设置", 如图 5–7 所示。

图 5-7

Step2 选择"环境变量",如图 5-8 所示。

图 5-8

Step3 在"系统变量"中新建变量,如图 5-9 所示。

图 5–9

Step4　在"系统变量"中找到"Path"变量，单击"编辑"，如图 5–10 所示。

图 5–10

变量名：Path；

变量值：C：\progvam Files（x86）\5ava\jdk1.7.0_80\bin；注意在最后加分号，单击"确定"，如图5-11所示。

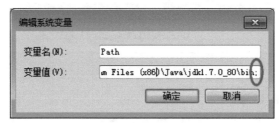

图 5-11

Step5　在"系统变量"中新建变量classpath。

变量名：classpath；

变量值：C：\Program Files（x86）\Java\jdk1.7.0_80\lib；表示变量值为jdk的安装路径，注意要加分号，如图5-12所示。

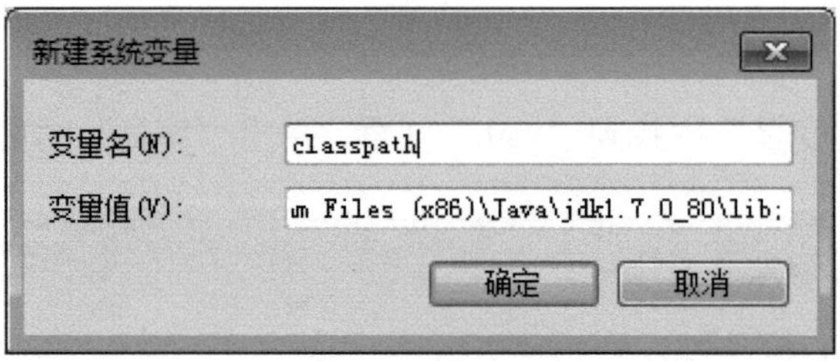

图 5-12

Step6　检查配置成功与否。单击"win + R"键，进入DOS命令，输入"CMD"，单击"确定"，如图5-13所示。

图 5-13

输入"java –version"命令，出现如图 5–14 所示界面则表明安装成功。

图 5–14

（3）安装 eclipse。

找到名为"adt–bundle–windows–x86–20140624"的压缩文件，解压缩到英文路径下，如图 5–15 所示。

adt-bundle-windows-x86-20140624　　2015/10/14 18:15　　360压缩 RAR 文件　　1,814,022...

图 5–15

打开解压缩后的文件，直接单击"eclipse"应用程序，如图 5–16 所示。

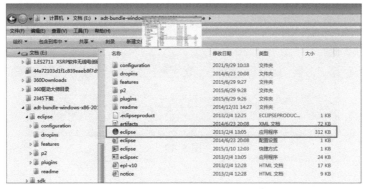

图 5–16

3．操作步骤

Step1　启动 Eclipse，设置好"Workspace"路径后，选择"OK"，如图 5–17 所示。

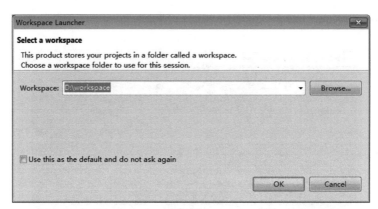

图 5-17

Step2　导入项目，依次单击"File → Import → General → Existing Projects into Workspace"，单击"Next"，如图 5-18 所示。

图 5-18

选择"FM150_Phone"项目路径，单击"Finish"，如图 5-19 所示。

Step3　选择 SerialTest 工程，依次选择"Src → com. zhongyou.phonejni → phoneJNI. Java"，如图 5-20 所示。

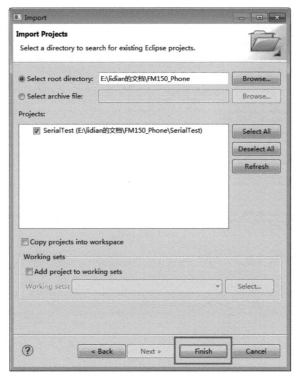

图 5-19

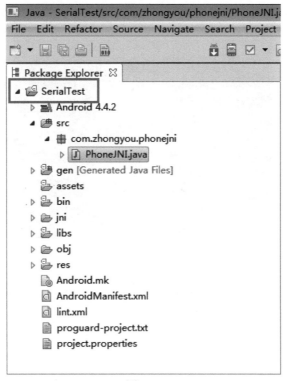

图 5-20

实验代码如图 5-21 所示。

```java
PhoneJNI.java ⊠
    package com.zhongyou.phonejni;

⊕ import java.io.DataOutputStream;□

    public class PhoneJNI extends Activity {

        public Button mButton1;
        public Button mButton2;
//      public Button mButton3;
//      public Button mButton4;
//      public Button mButton5;
        public TextView mTextView1;
//      public TextView mTextView2;
//      public TextView mTextView3;
        public EditText mEditText1;

        public int num;
        public int numcmd;
        public int ATnum = 8;
        public int ATnum1 = 2;

        public String receiverCmd;
        public int receiverjni;
        public String receiverNum;

⊖       final String[] cmd = {
            /*建立LTE收发连接时的入网指令，入的是LTE网络*/
                "ATE0\r",
                "AT+CMEE=1\r",
//              "AT+CREG=1\r",
//              "AT+CGREG=1\r",
//              "AT+CEREG=1\r",
                "AT+C5GREG=1\r",
                "AT+CLCK=\"SC\",2\r",
                "AT+CPIN?\r",
                "AT+CFUN=1\r",
                "AT+COPS?\r",
                "AT+CGCONTRDP=1\r",
//              "AT+CGDCONT?\r",
//              "AT+CREG=1\r",
//              "AT+CEREG=1\r",
//              "AT+CGEREP=1\r",
//              "AT+CGREG=1\r",
//              "AT+CLCK=\"SC\",2\r"        "AT+COPS?\r"
```

图 5-21

Step4　实验运行成功后，可以看到 5G 智能终端显示，如图 5-22 所示。

图 5-22

将电话号码修改为自己的电话号码，依次单击"入网注册 → 拨打电话"，如图 5-23 所示。查看实验结果并记录在"六、实验记录"中。

图 5-23

六、实验记录

实验结果如图 5-24 所示。

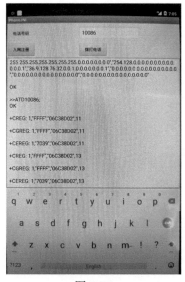

图 5-24

在"FIBOCOM FG150 & FM150 AT Commands User Manual_V3.6.2"文档中检索 AT 指令，写出对应的含义，见表 5-1。

表 5-1　各指令及对应的含义

序号	AT 指令	AT 指令返回值	AT 指令返回含义
1	ATE0	OK	关掉回显
2	AT+CMEE=1	OK	开启错误报告
3	AT+ C5GREG=1	OK	打开网络注册的主动上报结果码 +C5GREG

序号	AT 指令	AT 指令返回值	AT 指令返回含义
4	AT+CLCK="SC",2	+CLCK：0	查询 SIM 卡 LOCK 状态
5	AT+CPIN?	+CPIN：READY	PIN 已输入了，不需要再输入 PIN 码
6	AT+ CFUN=1	OK	fun 为 1 的时候表示全部功能，表示将手机的功能设置为最大，该条命令完成后表示激活了协议栈
7	AT+COPS?	+COPS：0,0,"CHINA MOBILE",11	NR 连接到 5G 网络
8	AT+CGCONTRDP=1	OK	PDP 下文定义标识
9	ATDnumber;	OK	拨打电话成功

5.2 短信 App 开发

一、实验目的

1．掌握 5G 模块的使用方法

2．掌握 5G 网络的基础知识

3．掌握 5G 网络的参数配置

二、实验设备

1．5G 智能终端实验开发平台　　　1 个

2．5G SIM 卡　　1 张

3．PC 机　　1 台

三、实验内容

1．5G 模块的入网许可

2．5G 模块网络的参数配置

3．AT 指令控制 5G 模块的短信收发

四、实验原理

1．ucs2 编码

ucs2 就是标准的 unicode 编码，它是某国际组织设计的一种文字符号编码表，包括了

世界上绝大多数文字和符号，如中文，每个字符使用 2 字节编码，因此叫 ucs2。

2．Linux 内核

Linux 是一个免费使用和自由传播的类 Unix 操作系统，是一个基于 POSIX 和 Unix 的多用户、多任务、支持多线程和多 CPU 的操作系统。它能运行主要的 Unix 工具软件、应用程序和网络协议。它支持 32 位和 64 位硬件。Linux 继承了 Unix 以网络为核心的设计思想，是一个性能稳定的多用户网络操作系统。

Linux 操作系统诞生于 1991 年 10 月 5 日（这是第一次正式向外公布的时间）。Linux 存在许多不同的版本，但它们都使用了 Linux 内核。Linux 可安装在各种计算机硬件设备中，如手机、平板电脑、路由器、视频游戏控制台、台式计算机、大型机和超级计算机。

五、实验步骤

1．实验准备

见 5.1 小节的实验准备。

2．操作步骤

Step1　启动 Eclipse，设置好 "Workspace" 路径后，选择 "OK"，如图 5–25 所示。

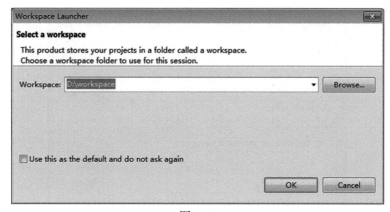

图 5–25

Step2　导入项目，依次单击 "File → Import → General → Existing Projects into Workspace"，单击 "Next"，如图 5–26 所示。

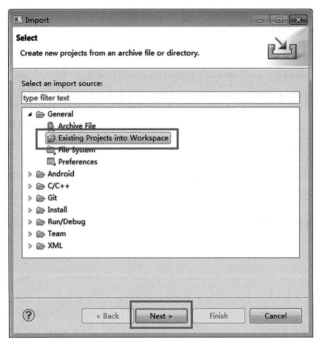

图 5–26

选择"FM150_SMS"项目路径，单击"Finish"，如图 5–27 所示。

图 5–27

Step3　依次选择"Src → com.eas/start.sms → smsActivity.java"，如图 5–28 所示。

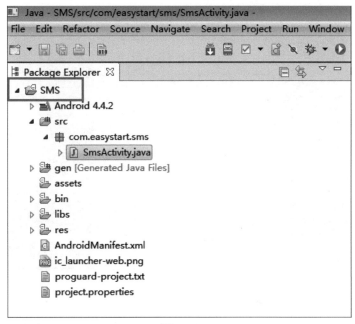

图 5–28

实验代码如图 5–29 所示。

```
package com.easystart.sms;

import android.os.Bundle;

public class SmsActivity extends Activity {

    public Button mButton1;
    public Button mButton2;
    public Button mButton3;
    public TextView mTextView1;
    public EditText mEditText1;
    public EditText mEditText2;

    public int num;
    public int numcmd;
    public int ATnum = 7;
    public int ATnum1 = 3;
    public String receiverCmd;
    public String receiverNum;
    public String smstotal;

    final String[] cmd = {
            "ATE0\r",
            "AT+CMEE=1\r",
            "AT+CSGREG=1\r",
            "AT+CLCK=\"SC\",2\r",
            "AT+CPIN?\r",
            "AT+CFUN=1\r",
            "AT+COPS?\r",
    };

    final String[] cmd1 = {
            "AT+CMGF=0\r",
            "AT+CSCS=\"HEX\"\r",
            "AT+CGSMS=1\r",
            "AT+CMGS=",
            //"11000D91688179418585F8000800046D4B88D5",
            "11000D9168",
            //"0008A7046D4B88D5",
            "000800"
    };

    };
```

图 5–29

Step4　实验运行成功后，可以看到 5G 智能终端的显示，如图 5–30 所示。

图 5–30

将电话号码修改为自己的电话号码，依次单击"入网注册 → 参数配置 → 发送短信"，如图 5–31 所示。查看实验结果并记录在"六、实验记录"中。

图 5–31

六、实验记录

实验结果如图 5–32 所示。

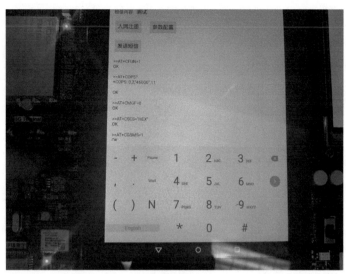

图 5–32

在"FIBOCOM FG150 & FM150 AT Commands User Manual_V3.6.2"文档中检索 AT 指令，写出对应的含义，见表 5–2。

表 5–2　各指令及对应的含义

序号	AT 指令	AT 指令返回值	AT 指令返回含义
1	ATE0	OK	关掉回显
2	AT+CMEE=1	OK	开启错误报告
3	AT+ C5GREG=1	OK	打开网络注册的主动上报结果码 +C5GREG
4	AT+CLCK="SC",2	+CLCK：0	查询 SIM 卡 LOCK 状态
5	AT+CPIN?	+CPIN：READY	PIN 已输入了，不需要再输入 PIN 码
6	AT+ CFUN=1	OK	fun 为 1 时表示全部功能，表示将手机的功能设置为最大，该条命令完成后表示激活了协议栈
7	AT+COPS?	+COPS：0,0,"CHINA MOBILE",11	NR 连接到 5G 网络
8	AT+CMGF=0	OK	设置短信格式为 PDU
9	AT+CSCS="HEX"	OK	设置终端字符集格式为 HEX
10	AT+CGSMS=1	OK	设置为手机 MO 发起的短信业务

5.3 上网 App 开发

一、实验目的

1. 掌握 5G 模块的使用方法
2. 掌握 5G 网络的基础知识
3. 掌握 AT 指令基础知识及分类

二、实验设备

1. 5G 智能终端实验开发平台　　1 个
2. 5G SIM 卡　　1 张
3. PC 机　　1 台

三、实验内容

1. 5G 模块的入网许可
2. 5G 模块网络的参数配置
3. AT 指令控制 5G 模块上网

四、实验原理

见第 3 章 3.3 小节中的实验原理。

五、实验步骤

1. 实验准备

见 5.1 小节的实验准备。

2. 操作步骤

Step1　启动 Eclipse，设置好"Workspace"路径后，选择"OK"，如图 5-33 所示。

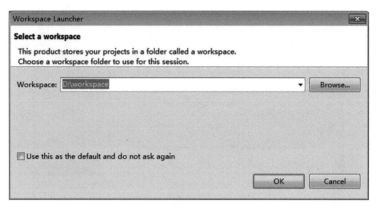

图 5–33

Step2　导入项目，依次单击"File → Import → General → Existing Projects into Workspace"，单击"Next"，如图 5–34 所示。

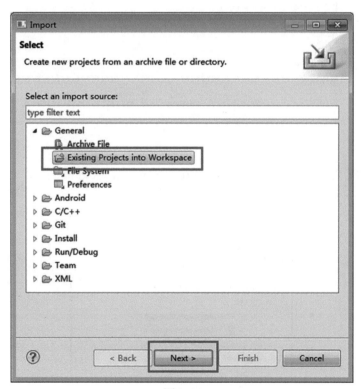

图 5–34

选择"FM150_Internet"项目路径，单击"Finish"，如图 5–35 所示。

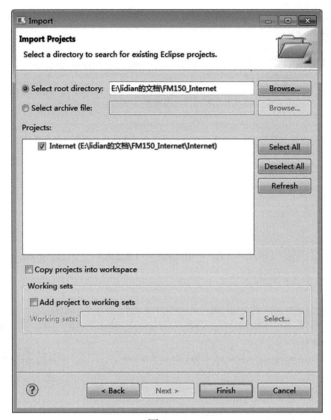

图 5–35

Step3　选择"Internet"工程，选择"Src → Com. easystart. internet → Intevnet Aciivity. Java"，如图 5–36 所示。

图 5–36

实验代码如图 5-37 所示。

```java
InternetActivity.java ✕

package com.easystart.internet;

import java.io.DataOutputStream;

public class InternetActivity extends Activity {

    public Button mButton1;
    public Button mButton2;
    public Button mButton3;
//  public Button mButton4;
//  public Button mButton5;
    public TextView mTextView1;
//  public TextView mTextView2;
//  public TextView mTextView3;
    //public EditText mEditText1;

    public int num;
    public int numcmd;
    public int ATnum = 8;
    public int ATnum1 = 2;

    public String receiverCmd;
    public int receiverjni;
    public String receiverNum;

    public String internet ="请在adb下执行给用卡联盟脚本\n" +
            "先找到adb. exe的目录. 将cmd窗口定位到此目录\n" +
            "adb shell\n" +
            "/system/bin/test\n";

    final String[] cmd = {
    /*建立LTE数据连接时的入网指令. 入的是LTE网络*/
            "ATE0\r",
            "AT+CMEE=1\r",
//          "AT+CREG=1\r",
//          "AT+CGREG=1\r",
//          "AT+CEREG=1\r",
            "AT+C5GREG=1\r",
            "AT+CLCK=\"SC\",2\r",
            "AT+CPIN?\r",
            "AT+CFUN=1\r",
            "AT+COPS?\r",
            "AT+CGCONTRDP=1\r"
```

图 5-37

Step4　实验运行成功后，可以看到 5G 智能终端的显示，如图 5-38 所示。

依次单击"入网注册 → 激活承载"，查看实验结果并记录在"六、实验记录"中。

图 5-38

Step5　单击激活承载时，5G 智能终端显示屏会出现如图 5-39 所示的提示。

请在adb下执行给网卡赋值脚本
先找到adb。exe的目录，将cmd窗口定位到此目录
adb shell
/system/bin/test

图 5-39

adb.exe 在 eclipse 安装文件夹下，复制该路径，如图 5-40 所示。

计算机 ▶ 文档 (E:) ▶ adt-bundle-windows-x86-20140624 ▶ sdk ▶ platform-tools ▶			
编辑(E)　查看(V)　工具(T)　帮助(H)			
打开　刻录　新建文件夹			
	名称	修改日期	类型　　大小
UIDowner	api	2014/12/31 14:28	文件夹
保存的游戏	systrace	2014/12/31 14:28	文件夹
联系人	adb	2014/6/22 9:13	应用程序　　888 KB
链接	AdbWinApi.dll	2014/6/22 9:13	应用程序扩展　94 KB
收藏夹	AdbWinUsbApi.dll	2014/6/22 9:13	应用程序扩展　60 KB
收藏夹	dmtracedump	2014/6/22 9:13	应用程序　　62 KB
搜索	etc1tool	2014/6/22 9:13	应用程序　　291 KB
我的视频	fastboot	2014/6/22 9:13	应用程序　　165 KB
我的图片	hprof-conv	2014/6/22 9:13	应用程序　　29 KB
我的文档	NOTICE	2014/6/22 9:13	文本文档　　704 KB
我的音乐	source.properties	2014/6/22 9:13	PROPERTIES 文件　1 KB
下载	sqlite3	2014/6/22 9:13	应用程序　　616 KB
桌面			

图 5-40

Step6　单击 "win+ R" 键，进入 DOS 命令，输入 "CMD"，单击 "确定"。

Step7　在 DOS 命令下，首先输入 "cd"，紧接着在当前命令行单击鼠标右键，选择 "粘

贴"，单击回车键。

　　Step8　输入"E："，并按回车键，即可进入 adb.exe。具体输入指令如图 5–41 所示。

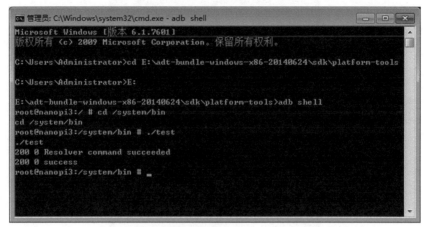

图 5–41

　　Step9　单击智能终端上"拨号上网"，返回"OK ；DATA CONNECTED"后，如图 5–42 所示。

图 5–42

　　回到 DOS 界面，在"#"后面输入"ping www.baidu.com"，如图 5–43 所示。

```
root@nanopi3:/system/bin # ping www.baidu.com
```

图 5–43

六、实验记录

　　实验结果如图 5–44 所示。

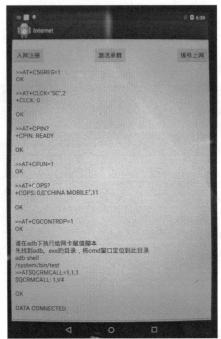

图 5-44

DOS 命令界面如图 5-45 所示。

```
root@nanopi3:/system/bin # ping www.baidu.com
ping www.baidu.com
PING www.a.shifen.com (36.152.44.96) 56(84) bytes of data.
64 bytes from localhost (36.152.44.96): icmp_seq=1 ttl=53 time=165 ms
64 bytes from localhost (36.152.44.96): icmp_seq=2 ttl=53 time=50.0 ms
64 bytes from localhost (36.152.44.96): icmp_seq=3 ttl=53 time=63.5 ms
64 bytes from localhost (36.152.44.96): icmp_seq=4 ttl=53 time=54.7 ms
64 bytes from localhost (36.152.44.96): icmp_seq=5 ttl=53 time=63.4 ms
64 bytes from localhost (36.152.44.96): icmp_seq=6 ttl=53 time=49.3 ms
64 bytes from localhost (36.152.44.96): icmp_seq=7 ttl=53 time=61.8 ms
64 bytes from localhost (36.152.44.96): icmp_seq=8 ttl=53 time=53.0 ms
64 bytes from localhost (36.152.44.96): icmp_seq=9 ttl=53 time=1003 ms
64 bytes from localhost (36.152.44.96): icmp_seq=10 ttl=53 time=1391 ms
64 bytes from localhost (36.152.44.96): icmp_seq=11 ttl=53 time=387 ms
64 bytes from localhost (36.152.44.96): icmp_seq=12 ttl=53 time=44.9 ms
64 bytes from localhost (36.152.44.96): icmp_seq=13 ttl=53 time=53.3 ms
64 bytes from localhost (36.152.44.96): icmp_seq=14 ttl=53 time=40.4 ms
64 bytes from localhost (36.152.44.96): icmp_seq=15 ttl=53 time=244 ms
64 bytes from localhost (36.152.44.96): icmp_seq=16 ttl=53 time=51.0 ms
64 bytes from localhost (36.152.44.96): icmp_seq=17 ttl=53 time=42.7 ms
64 bytes from localhost (36.152.44.96): icmp_seq=18 ttl=53 time=45.7 ms
64 bytes from localhost (36.152.44.96): icmp_seq=19 ttl=53 time=58.7 ms
^C
E:\adt-bundle-windows-x86-20140624\sdk\platform-tools>
```

图 5-45

在 "FIBOCOM FG150 & FM150 AT Commands User Manual_V3.6.2" 文档中检索 AT 指令，写出对应的含义，见表 5-3。

表 5-3　各指令及对应的含义

序号	AT 指令	AT 指令返回值	AT 指令返回含义
1	ATE0	OK	关掉回显
2	AT+CMEE=1	OK	开启错误报告
3	AT+ C5GREG=1	OK	打开网络注册的主动上报结果码 +C5GREG
4	AT+CLCK="SC"，2	+CLCK：0	查询 SIM 卡的 LOCK 状态
5	AT+CPIN?	+CPIN：READY	PIN 已输入了，不需要再输入 PIN 码
6	AT+ CFUN=1	OK	fun 为 1 的时候表示全部功能，表示将手机的功能设置为最大，该条命令完成后表示激活了协议栈
7	AT+COPS?	+COPS：0，0，"CHINA MOBILE"，11	NR 连接到 5G 网络
8	AT+CGCONTRDP=1	OK	PDP 下文定义标识
9	AT$QCRMCALL=1，1	OK	拨号成功

第6章 Android 应用程序开发实验

6.1 Android 开发环境搭建

一、实验目的

1. 了解 Android 基础知识
2. 掌握 Android 开发环境搭建

二、实验内容

Windows 系统下搭建 Android 开发环境

三、实验仪器

PC 机（USB 口功能正常）

四、实验原理

Android 是一个基于 Linux 的自由及开放源代码的操作系统，主要使用于便携设备，如智能手机和平板电脑。2007 年 11 月 5 日，谷歌公司正式向外界展示了 Android 操作系统，并且在这天宣布建立一个全球性的联盟组织，该组织由 34 家手机制造商、软件开发商、电信运营商以及芯片制造商共同组成，并与 84 家硬件制造商、软件开发商及电信营运商组成开放手持设备联盟（Open Handset Alliance）来共同研发改良 Android 系统，这一联盟将支持谷歌公司发布的手机操作系统以及应用软件，谷歌公司以 Apache 免费开源许可证的授权方式，发布 Android 的源代码。

由于 Android 是一个开源的移动操作系统，因此，其自发布至今获得很多手机制造商的支持和极大的发展，版本从 Android1.1 到如今的 Android14，从最初的触屏发展到现在的多点触摸。

Android 平台不仅支持 Java、C、C++ 等主流的编程语言，还支持 Ruby、Python 等脚本语言，这使 Android 有非常广泛的开发群体。

　　Android 开发环境支持 Windows、Mac OS 和 Linux 等操作系统，本实验主要介绍在 Windows 平台安装的过程。Android 以 Java 作为开发语言，JDK 是进行 Java 开发必需的 开发包。Eclipse 是一款非常优秀的开源 IDE，在大量插件的支持下，可以满足从企业级 Java 应用到手机终端 Java 游戏的开发。Google 官方提供了基于 Eclipse 的 Android 开发插 件 ADT，所以本实验选择 Eclipse 作为开发 IDE，为了简化安装步骤，采用了 Google 提供 的"adt–bundle–windows–x86"安装包，其中将 Eclipse、ADT 和 Android SDK 直接打包。

五、实验步骤

1. 安装 JDK

由于 Android SDK 和 Eclipse 都是用 Java 编写的，因此需要先在 Windows 上安装 JDK。

　　Step1　打开页面：http：//www.oracle.com/technetwork/java/javase/downloads/index.html。

　　Step2　看到下载界面，如图 6–1 所示。

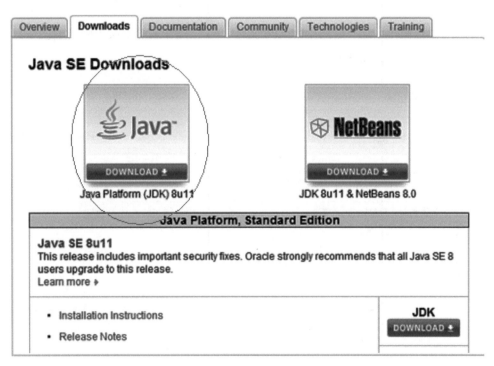

图 6–1

Step3 单击框内的图标，结果如图 6–2 所示。

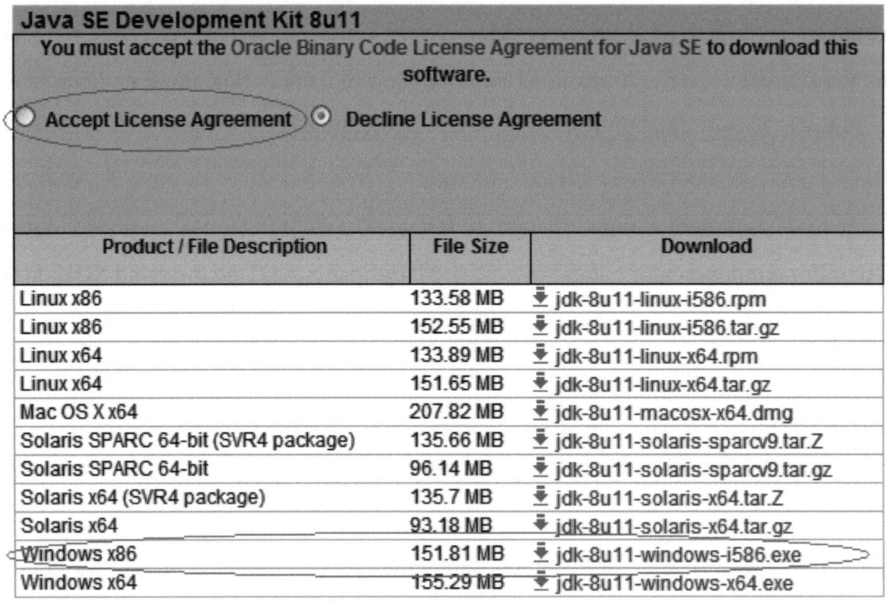

图 6-2

其中，32 位操作系统下载图中的 X86 文件，64 位操作系统下载 X64 文件。

Step4 下载软件，如图 6-3 所示。

图 6-3

Step5 安装软件。若系统为 vista 或者 win7、win8，双击"安装"即可。由于 java8 不支持 Win XP，安装时会出现如图 6-4 所示的情况。

图 6–4

此时 Win XP 用户可安装 java8 之前的版本，如 java7、java6 等，方式如下：单击进入 Step1 中所示网址，拖至网页最下端，如图 6–5 所示。

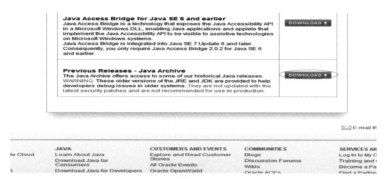

图 6–5

单击"Previous Releases"框右端的"DOWNLOAD"，如图 6–6 所示。

图 6–6

进入页面后可在下方选择 java 版本，单击 java SE7，进入 java7 下载页面，如图 6–7 所示。选择所需的 JDK 下载安装即可。

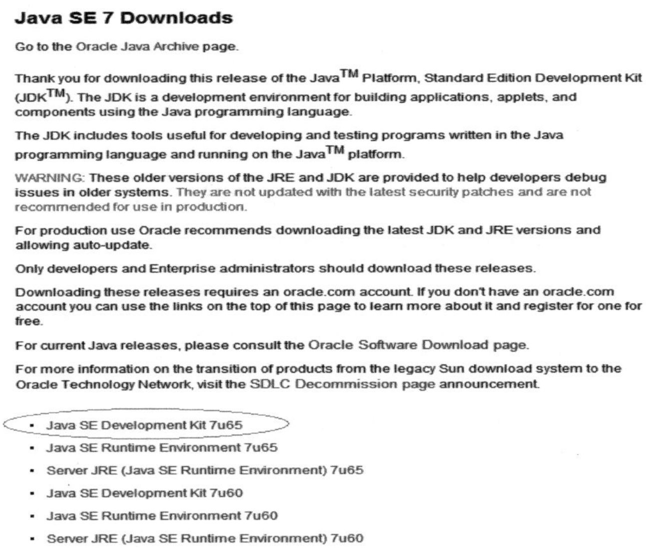

图 6–7

Step6　将 JDK 命令添加到 Path 环境变量中。

（1）Win XP 中 JDK 环境变量的配置。

在"我的电脑"图标上单击鼠标右键，在弹出的快捷菜单中选择"属性"命令，弹出"系统属性"对话框，如图 6–8 所示。

图 6–8

选择"高级"选项卡，然后单击"环境变量"按钮，弹出"环境变量"对话框，如图 6–9 所示。

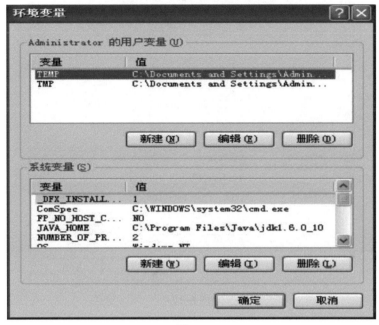

图 6–9

单击"系统变量"栏中的"新建"按钮，创建新的系统变量。

弹出"新建系统变量"对话框，分别输入变量名"JAVA_HOME"和变量值"C:
\Program Files\Java\jdk1.6.0_10"，其中变量值是笔者的 JDK 安装路径，读者需要根据自己的计算机环境进行修改。单击"确定"按钮，关闭"新建系统变量"对话框。弹出"新建系统变量"对话框，分别输入变量名"CLASSPATH"和变量值"%JAVA_HOME%\
lib；"注意最后的分号。

在"环境变量"对话框中双击 Path 变量对其进行修改，环境变量如图 6–10 所示。

在原变量值前添加".；%JAVA_HOME%\bin；"变量值（注意：最后的"；"不要丢掉，它用于分割不同的变量值），如图 6–11 所示。

单击"确定"按钮完成环境变量的设置。

JDK 安装成功之后必须确认环境配置是否正确。在 Windows 系统中测试 JDK 环境需要选择"开始 → 运行"命令（没有"运行"命令可以按"Win+R"组合键），然后在"运行"对话框中输入"cmd"并单击"确定"按钮启动控制台。在控制台中输入"javac"命令，按"Enter"键输出 JDK 的编译器信息，其中包括修改命令的语法和参数选项等信息。这说明 JDK 环境搭建成功，如图 6–12 所示。

图 6–10

图 6–11

图 6–12

（2）Win7 中 JDK 环境变量的配置。

需要设置 JAVA_HOME、CLASSPATH、Path 3 个环境变量。右键单击"我的电脑 →
属性 → 高级系统设置 → 环境变量"，如图 6–13 所示。

图 6–13

在"系统变量"中，设置 JAVA_HOME、CLASSPATH、Path（不区分大小写）3 个环
境变量，若已存在则单击"编辑"，不存在则单击"新建"，如图 6–14 所示。

图 6–14

JAVA_HOME 指明 JDK 安装路径，就是刚才安装时所选择的路径 "E：/Java/jdk1.6.0_20"，此路径下包括 lib、bin、jre 等文件夹（最好设置此变量，因为以后运行 tomcat、eclipse 等都需要依此变量）。

Path 使系统可以在任何路径下识别 java 命令，这里要注意，Path 应该是本来就存在的，不用新建了，找到 Path，单击 "编辑"；在值的最前面加上 "%JAVA_HOME%/bin；%JAVA_HOME%/jre/bin；" 如图 6-15 所示。如果覆盖了 Path 变量，将导致 "cmd"下有些基本的命令会找不到。

图 6-15

CLASSPATH 为 java 加载类（class or lib）路径，只有类在 CLASSPATH 中，java 命令才能识别，设为：".；%JAVA_HOME%/lib/dt.jar；%JAVA_HOME%/lib/tools.jar（要加"."表示当前路径）%JAVA_HOME%"，就是引用前面指定的 JAVA_HOME。

检查安装是否成功。

单击 "开始 → 运行"，输入 "cmd" 并按回车键。

运行 "java –version" "java" "javac" 3 个命令，出现如图 6-16 所示界面就表示成功。否则，就是有地方设置错误。

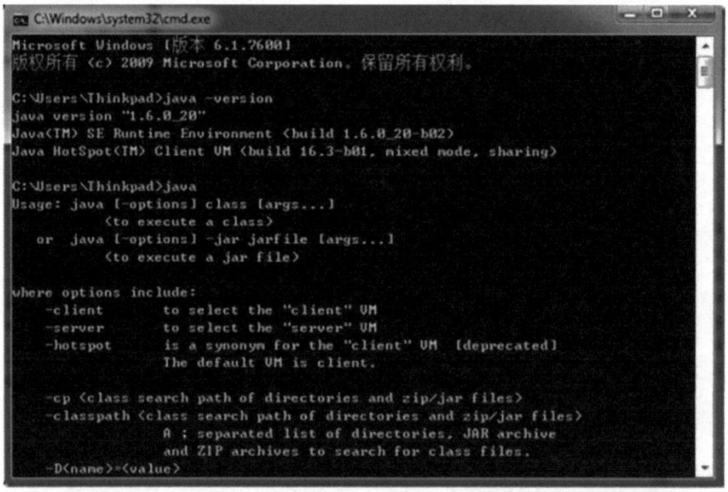

图 6-16

（3）Win8 下的 JDK 环境设置。

在"变量名"中添加"JAVA_HOME"，如图 6–17 所示。

图 6–17

在"变量名"中添加"CLASSPATH"，在"变量值"中添加".；%JAVA_HOME%\
lib\dt.jar；%JAVA_HOME%\lib\tools.jar；"，如图 6–18 所示。

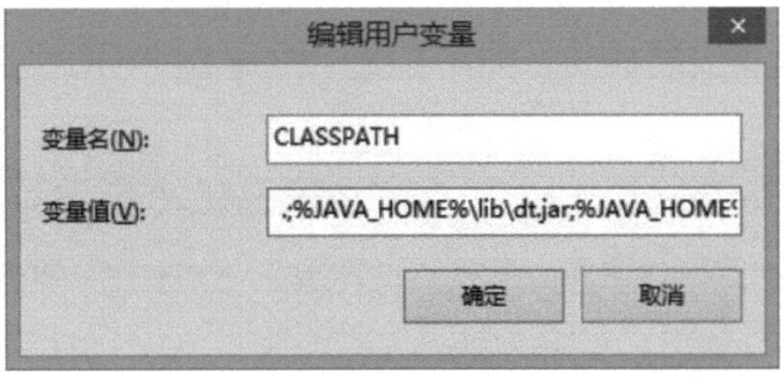

图 6–18

在"变量名"中添加"Path"，如图 6–19 所示。

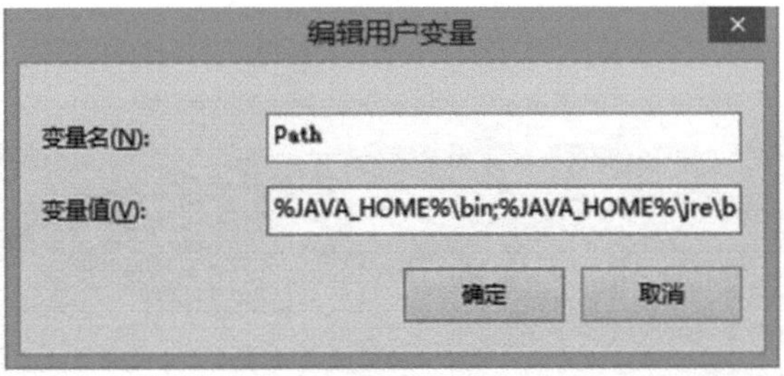

图 6–19

检查安装是否成功。在桌面单击"开始 → 运行"，输入"cmd"后按回车键。

运行"java – version""java""javac" 3 个命令，出现如图 6–20 所示界面就表示成功。
否则，就是有地方设置错误。

图 6–20

step7　检测 JDK 是否安装成功，如图 6–21~ 图 6–24 所示。

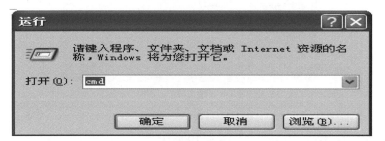

图 6–21

图 6–22

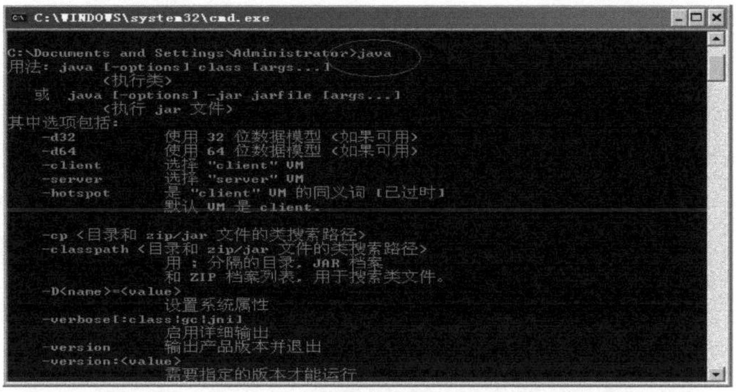

图 6–23

图 6–24

2. 安装 Android SDK

Step1　输入网址 http：//www.woookliu.com/android_doc/sdk/index.html。

Step2　找到下载页面，如图 6–25 所示

图 6–25　Android SDK 下载页面

Step3 进入页面后勾选如下设置，如图 6–26 所示。

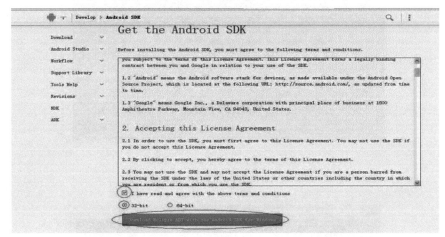

图 6–26

Step4 下载软件，如图 6–27 所示。

图 6–27

Step5 解压软件，根据安装向导的提示解压即可。

Step6 运行软件，双击安装文件夹中的 "SDK Manager.exe"，如图 6–28 所示。

图 6–28

在界面选择 "tools → options"，如图 6–29 所示。

图 6–29

进入页面后勾选"Force https：//......"，如图 6–30 所示。

图 6–30

关掉界面，回到主操作界面，勾选如图 6–31 所示的补丁包，然后选择安装。如图 6–31 所示。

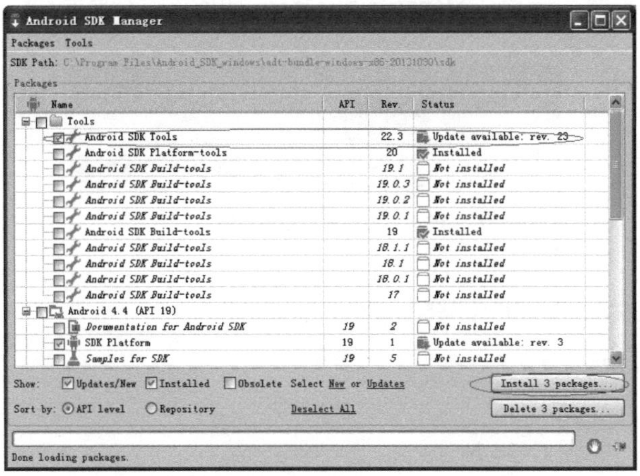

图 6–31

如果补丁包升级失败，执行以下步骤：

①将 SDK 安装目录下的 tools 目录复制为一个新的目录，取名为 tools–copy（名字随便，但最好为全英文），此时在 SDK 安装目录下有这两个目录：tools 和 tools–copy。

②在 tools–copy 目录运行 android.bat ，这样就可以正常 update all 了（如果不能，请先通过任务管理器关掉 adb.exe 进程，然后再试）。

③关闭当前的 SDK Manager 窗口。

④删除刚才拷贝生成的 tools–copy 目录，也可不删除。

⑤单击 SDK 安装目录下的 SDK Manager.exe ，你会发现升级应该完成了。

Step6　下载安卓补丁包，以安卓 4.2.2 为例，勾选"Android4.2.2"补丁包，单击"Installed"键。如图 6–32 所示。

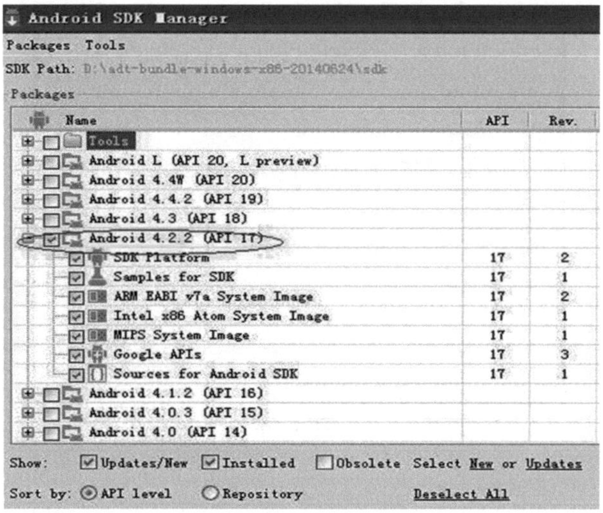

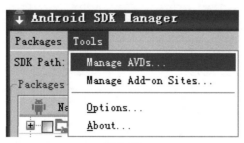

图 6–32

单击"Tools"按钮，选择"Manager AVDs"，如图 6–33 所示。

图 6–33

单击"Create"，如图 6–34 所示。

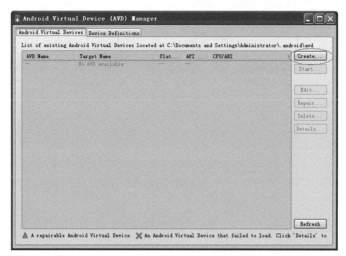

图 6–34

如图 6–35 所示，设置完毕后单击"OK"，出现虚拟机，如图 6–36 所示。

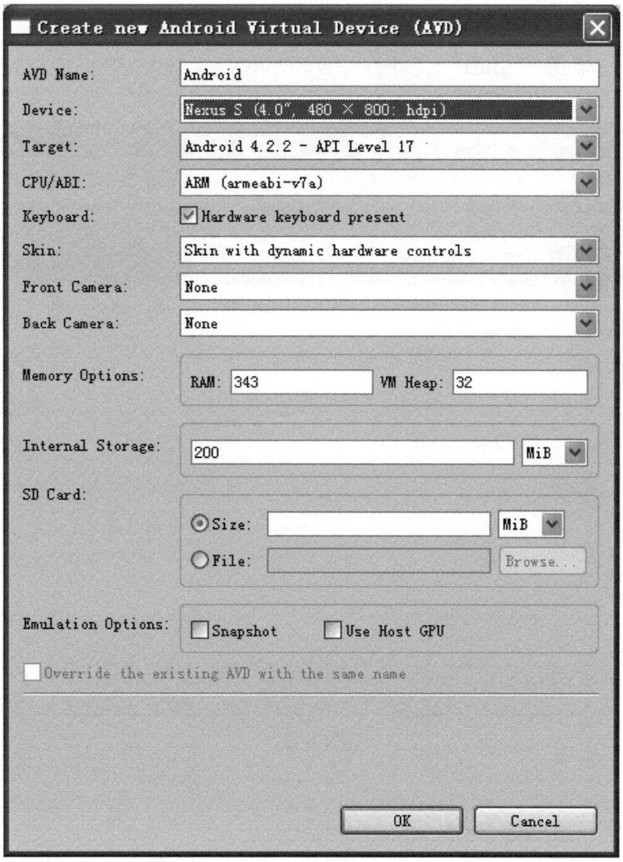

图 6–35

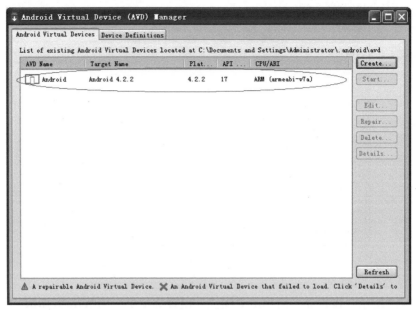

图 6–36

选中该虚拟机，单击"Start"，如图 6–37 所示。

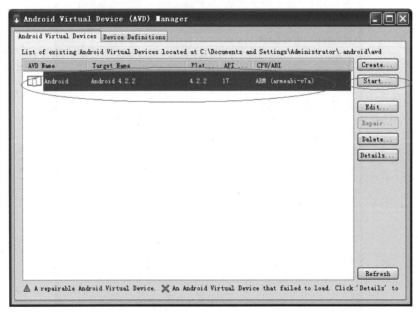

图 6–37

单击"Launch"，如图 6–38 所示。

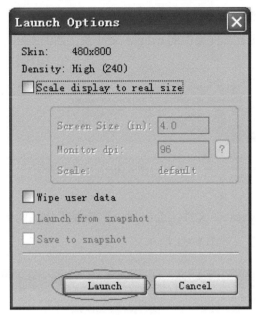

图 6–38

稍等一段时间，即出现安卓虚拟机界面，如图 6–39 所示。

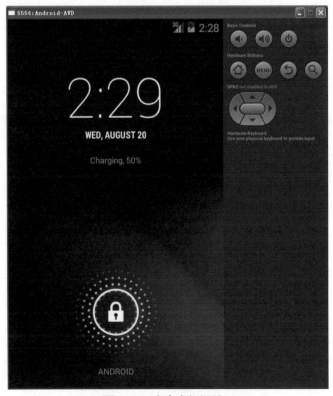

图 6–39 安卓虚拟机界面

3．设置 Eclipse 集成开发环境

Step1　打开 SDK 安装文件夹中的 eclipse 文件夹，如图 6-40 所示。

图 6-40

Step2　打开"eclipse.exe"文件，会出现一个选择工作区间的对话框，即生成的文件保存的地点，可自由设置，如图 6-41 所示。

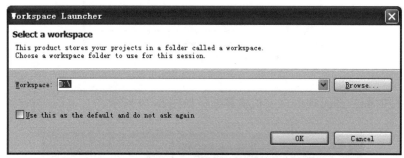

图 6-41

Step3　单击"OK"后进入"eclipse"，单击"Window→preferences"，如图 6-42 所示。

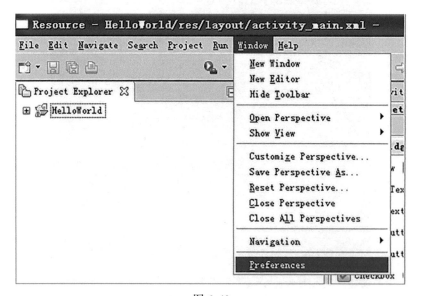

图 6-42

Step4　先选择"Android"，然后在"SDK Location"中选择安装好的 adt–bundle–windows–x86–####文件夹中的 sdk 文件夹的路径，单击"Apply"和"ok"。如图 6–43 所示。

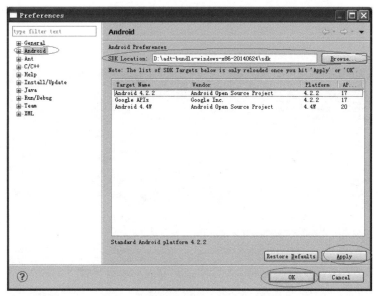

图 6–43

至此，开发环境搭建完毕。

6.2　Hello World 实验

一、实验目的

1．掌握 Eclipse 集成开发环境的使用

2．学习 Android 操作系统架构

二、实验内容

1．学习 Eclipse 集成开发环境的操作方法

2．开发 Hello World 应用程序

三、实验仪器

PC 机（USB 口功能正常）

四、实验原理

Android 系统和其操作系统一样，采用了分层的架构。如图 6-44 所示，Android 结构分为 4 个层，从高层到低层分别是应用程序层、应用程序框架层、系统运行库层和 Linux 内核层。

图 6-44　Android 系统框架

1. 应用程序层

应用是用 Java 语言编写的运行在虚拟机上的程序，即图中最上层的蓝色部分，其实，谷歌公司最开始时就在 Android 系统中捆绑了一些核心应用，如 E-mail 客户端、SMS 短消息程序、日历、地图、浏览器、联系人管理程序等。

2. 应用程序框架层

这一层即是编写谷歌公司发布的核心应用时所使用的 API 框架，开发人员同样可以使用这些框架来开发自己的应用，这样便简化了程序开发的架构设计，但是必须遵守其框架的开发原则，组件如下：

丰富而又可扩展的视图（Views）：可以用来构建应用程序，它包括列表（lists）、网格（grids）、文本框（text boxes）、按钮（buttons），甚至可嵌入的 Web 浏览器。

内容提供器（Content Providers）：它可以让一个应用访问另一个应用的数据（如联系人数据库），或共享它们自己的数据。

资源管理器（Resource Manager）：提供非代码资源的访问，如本地字符串、图形和布局文件（layout files）。

通知管理器（Notification Manager）：可以在状态栏中显示自定义的提示信息。

活动管理器（Activity Manager）：用来管理应用程序生命周期并提供常用的导航退回功能。

窗口管理器（Window Manager）：管理所有的窗口程序。

包管理器（Package Manager）：Android 系统内的程序管理

在 Android SDK 中内置了一些对象，其中最重要的组件为 Activity、Intent、Service 以及 Content Provider 4 个组件。

（1）Activity（活动）：一个活动就是一个用户界面。一个应用程序可以定义一个或多个活动，每个活动都能够保存和恢复自身的状态。

（2）Intent（意向）：Intent 是一种描述一个特定活动的机制，如"选取照片""拨打电话"等具体动作。在 Android 中，所有的东西都是通过 Intents 完成的，因此开发者有机会替代或重用大量的组件。比如，有一个"发送邮件"的 intent，当需要使用应用程序发送邮件时可以激活这个 intent。开发者甚至可以重新编写一个新的邮件应用程序，并注册为活动以处理这个 intent 代替标准的邮件应用程序。那么，其他应用程序就可以使用新编写的应用程序来发送邮件了。

（3）Service（服务）：一个服务 Service 就是运行在后台、没有用户直接交互的任务，它与 Unix daemon 类似。比如，要做一个音乐播放器，可能会被另一个活动激活，但音乐需要作为背景音乐播放，那么这种程序就可以考虑作为一个服务 Service，别的活动就可以来操作这个播放器。Android 中内置了很多服务，可以方便地使用 API 进行访问。

（4）Content Provider（内容提供者）：一个内容提供者 Content Provider 就是由自定义的 API 封装读写操作的一套数据。Content Provider 是不同应用程序之间共享全局数据最好的方式。比如，谷歌公司提供了联系人的 Content Provider，包括姓名、地址和电话等所有信息在内的联系方式能够被所有应用程序使用。

3．系统运行库层

当使用 Android 应用框架时，Android 系统会通过一些 C/C++ 库来支持使用的各个组件，使其能更好地为开发者服务。

Bionic 系统 C 库：C 语言标准库，系统最底层的库，C 库通过 Linux 系统来调用。

多媒体库（MediaFramework）：Android 系统多媒体库，基于 PacketVideo OpenCORE，该库支持多种常用的音频、视频格式的回放和录制以及一些图片，如 MPEG4、MP3、AAC、AMR、JPG 和 PNG 等。

SGL：2D 图形引擎库。

SSL：位于 TVP/IP 协议与各种应用层协议之间，为数据通信提供支持。

OpenGL ES 1.0：3D 效果的支持。

SQLite：关系数据库。

Webkit：Web 浏览器引擎。

FreeType：位图（Bitmap）及矢量（Vector）。

4．Linux 内核层

Android 的核心系统服务基于 Linux 内核，如安全性、内存管理、进程管理、网络协议栈和驱动模型等。Linux 内核同时也作为硬件和软件栈之间的抽象层。Android 需要一些与移动设备相关的驱动程序，主要的驱动如下所示。

显示驱动（Display Driver）：基于 Linux 的帧缓冲（Frame Buffer）驱动。

键盘驱动（KeyBoard Driver）：作为输入设备的键盘驱动。

Flash 内存驱动（Flash Memory Driver）：基于 MTD 的 Flash 驱动程序。

照相机驱动（Camera Driver）：常用的基于 Linux 的 V4L2（Video for Linux）驱动。

音频驱动（Audio Driver）：常用的基于 ALSA（Advanced Linux Sound Architecture）的高级 Linux 声音体系驱动。

蓝牙驱动（Bluetooth Driver）：基于 IEEE 802.15.1 标准的无线传输技术。

WiFi 驱动（Camera Drive）：基于 IEEE 802.11 标准的驱动程序。

Binder IPC 驱动：Android 的一个特殊驱动程序，具有单独的设备节点，提供进程间通信的功能。

Power Management（能源管理）：如电池电量等。

五、实验步骤

1．创建 Hello World 项目

Step1　打开 eclipse.exe，单击 "File → New → Project"，如图 6–45 所示。

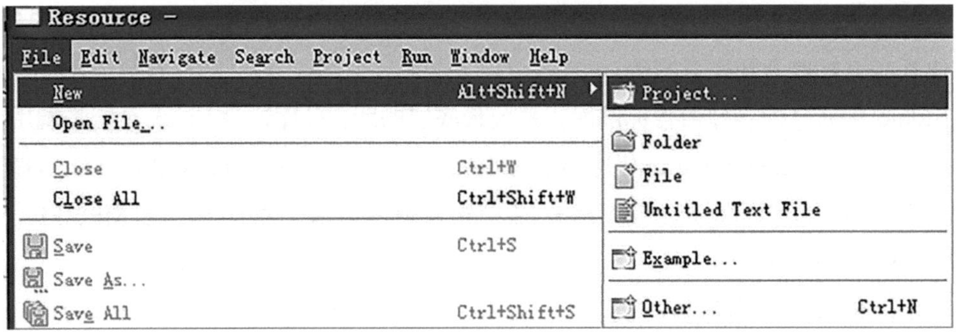

图 6–45

Step2　选择 "Android Application Project"，单击 "Next"，如图 6–46 所示。

图 6–46

　　Step3　在 Application Name 中填写"Hello World"，在 Project Name 中填写"HelloWorld"
在 Package Name 中填写"es.helloworld"，选择 Minimum Required SDK（最低支持版本）
时默认为 API 8：Android 2.2，Target SDK（工作最高版本）选择 API 17：Android 4.2，
Compile With（编译版本）选择已经下载的 SDK 补丁包，如 API 17：Android 4.2，然后单
击"Next"，如图 6–47 所示。

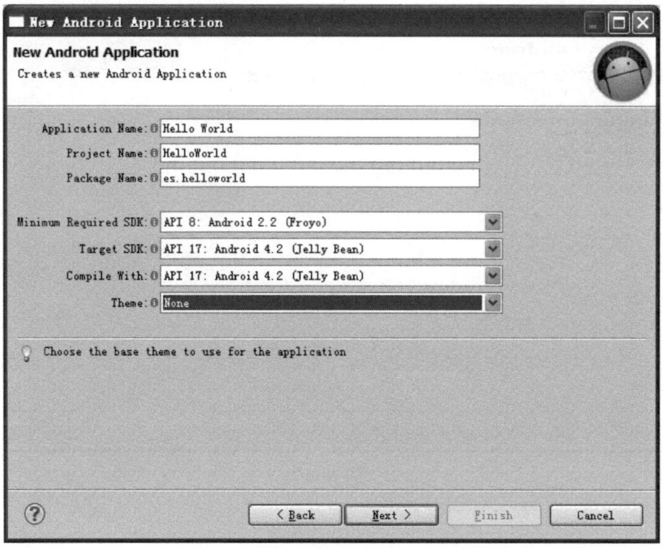

图 6–47

Step4 在弹出的设置页面取消对"Create Custom launcher icon"的选择（自定义程序图标），单击"Next"（也可以尝试自定义设置，此处为节省步骤时间，略过），如图6–48所示。

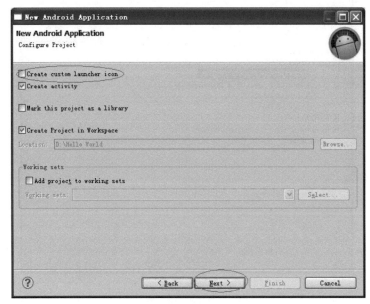

图 6–48

Step5 在弹出的页面中选择"Empty Activity"，单击"Next"，如图 6–49 所示。

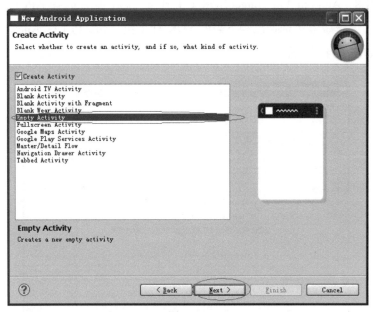

图 6–49

Step6 此处保持默认设置，单击"Finish"，如图 6–50 所示。

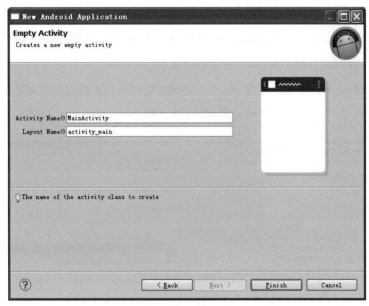

图 6–50

Step7　关闭欢迎界面就可以看到如图 6–51 所示的新建项目目录了。在更新 ADT 至

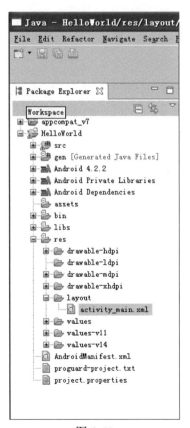

图 6–51

22.6.0 版本之后，创建新的安装项目，会出现 appcompat_v7 的内容。并且是创建一个新的内容就会出现，appcompat_v7 是 Google 自己的一个兼容包，即一个支持库，能让 2.1 以上版本使用 4.0 版本的界面。所以不用管它就行了。

如果这个包显示有错误（x 号），而"Hello World"包显示一个感叹号。那么单击"Project → Clean"，如图 6–52 所示。最后单击"ok"。

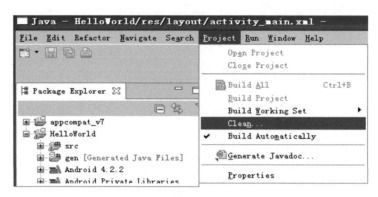

图 6–52

2．运行 Hello World

Step1　右键单击"Project Explorer"中的"Hello World"项目，选择"Run as → Android Application"，如图 6–53 所示。

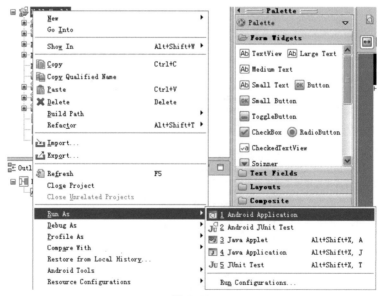

图 6–53

Step2　等待虚拟机运行，解锁后就可以看到如图 6–54 所示的界面。

图 6–54

在应用程序中出现了"Hello World"的图标，如图 6–55 所示。

图 6–55

六、Hello World 项目的目录结构介绍

此部分主要通过 Hello World 项目来介绍 Android 项目的目录结构。

在 Eclipse 的左侧展开 Hello World 项目，可以看到如图 6–56 所示的目录结构。

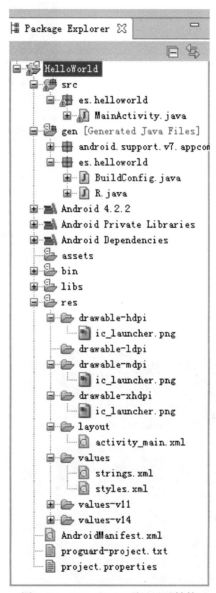

图 6–56　HelloWorld 项目目录结构

1．src（source code）文件夹

该文件夹用于放项目的源代码。打开"MainActicity.java"文件会看到如下代码：

```
package com.example.helloworld;
import android.os.Bundle;
import android.App.Activity;
import android.view.Menu;
publicclass MainActivity extends Activity {
    @Override
    protectedvoid onCreate（Bundle savedInstanceState）{
            super.onCreate（savedInstanceState）;
            setContentView（R.layout.activity_main）;
                    }
                }
```

由上可以知道，新建一个简单的 Hello World 项目后，系统生成了一个"MainActivity.java"文件。导入了一个类 android.os.Bundle，MainActivity 类继承自 Activity 且重写了 onCreate 方法。

在重写父类的 onCreate 时，在方法前面加上 @Override，系统可以检查方法的正确性。例如，public void onCreate（Bundle savedInstanceState）{…….} 这种写法是正确的，如果写成 public void oncreate（Bundle savedInstanceState）{…….} 这样编译器回报如下错误——The method oncreate（Bundle）of type MainActivity must override or implement a supertype method，以确保正确重写 onCreate 方法（因为 oncreate 应该为 onCreate）。

如果不加 @Override，编译器将不会检测出错误，而是会认为新定义了一个方法 onCreate。

onCreate（Bundle）：初始化活动（Activity），如完成一些图形的绘制。最重要的是，在这个方法里通常将用布局资源（layout resource）调用 setContentView（int）方法定义 UI 和用 find View ById（int）在 UI 中检索需要编程、交互的小部件（widgets）。setContentView 指定由哪个文件指定布局（main.xml），可以将这个界面显示出来，然后进行相关操作，操作会被包装成为一个意图，然后这个意图由相关的 Activity 进行处理。

onPause（）：处理当离开活动时要做的事情。最重要的是，用户做的所有改变应该在这里提交（通常用 ContentProvider 保存数据）。

android.os.Bundle 类：从字符串值映射各种可打包的（Parcelable）类型（Bundle 是捆绑的意思，所有这个类都很好理解和记忆）。如该类提供了公有方法——public boolean containKey（String key），如果给定的 key 包含在 Bundle 的映射中则返回 true，否则返回 false。该类实现了 Parceable 和 Cloneable 接口，所以它具有这两者的特性。

2．gen 文件夹

该文件夹下面有个 R.java 文件，R.java 是在建立项目时自动生成的，这个文件是只读
模式的，不能更改。R.java 文件中定义了一个类——R，R 类中包含很多静态类，且静态
类的名字都与 res 中的一个名字对应，即 R 类定义该项目所有资源的索引。Hello World 项
目中也是如此，如图 6-57 所示。

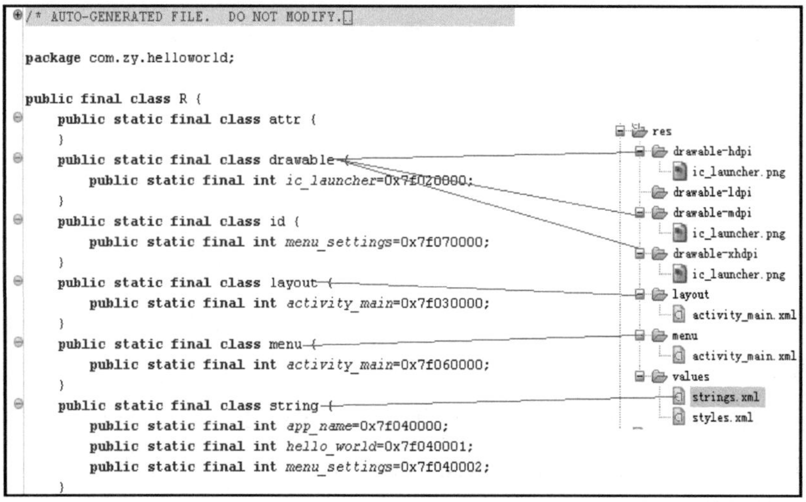

图 6-57　R.java 对应 res

通过 R.java 可以很快地查找需要的资源，另外，编译器也会检查 R.java 列表中的资源
是否被使用到，没有被使用到的资源不会编译进软件中，这样可以减少应用在手机中占用
的空间。

3．Android 4.2.2 文件夹

该文件夹下包含 android.jar 文件，这是一个 Java 归档文件，其中包含构建应用程序所
需的所有的 Android SDK 库（如 Views、Controls）和 APIs。通过 android.jar 将自己的应
用程序绑定到 Android SDK 和 Android Emulator 中，这允许你使用所有 Android 的库和包，
且使你的应用程序在适当的环境中调试。例如，上面的 MainActicity.java 源文件中的：

import android.os.Bundle；

这行代码就是从 android.jar 导入包。

4．assets

包含应用系统需要使用到的 mp3、视频类的文件。

5．res 文件夹

资源目录，包含项目中的资源文件并将其编译进应用程序。向此目录添加资源时，会

被 R.java 自动记录。新建一个项目，res 目录下会有 3 个子目录：drawable-hdpi、layout、values。

drawabel–hdpi：包含一些应用程序可以用的图标文件（ *.png、*.jpg ）。

layout：界面布局文件（main.xml），与 Web 应用中的 HTML 类同，没修改过的 main.xml 文件如下（Hello World 的就没有修改过）：

```
<RelativeLayout xmlns：android="http：//schemas.android.com/apk/res/android"
    xmlns：tools="http：//schemas.android.com/tools"
    android：layout_width="match_parent"
    android：layout_height="match_parent"
    tools：context=".MainActivity">
<TextView
    android：layout_width="wrap_content"
    android：layout_height="wrap_content"
    android：layout_centerHorizontal="true"
    android：layout_centerVertical="true"
    android：text="@string/hello_world" />
</RelativeLayout>
```

values：软件上所需要显示的各种文字。不仅可以存放多个 *.xml 文件，还可以存放不同类型的数据，如 arrays.xml、colors.xml、dimens.xml、styles.xml。

6．AndroidManifest.xml

项目的总配置文件，记录应用中所使用的各种组件。该文件列出了应用程序所提供的功能，在该文件中可以指定应用程序使用到的服务（如电话服务、互联网服务、短信服务、GPS 服务等）。另外，当新添加一个 Activity 的时候，也需要在该文件中进行相应的配置，只有配置好后，才能调用此 Activity。AndroidManifest.xml 包含的设置有 Application permissions、Activities、intent filters 等。

如果学过 ASP.NET，就会发现 AndroidManifest.xml 与 web.config 文件很像，可以把它类同于 web.config 文件理解。

如果没学过，可以这样理解——众所周知，xml 是一种数据交换格式，AndroidManifest.xml 就是用来存储一些数据的，只不过这些数据是关于 Android 项目的配置数据。

HelloWorld 项目的 AndroidManifest.xml 如下所示：

```
<?xml version="1.0" encoding="utf–8"?>
<manifest xmlns：android="http：//schemas.android.com/apk/res/android"
```

```
    package= "com.es.helloworld"
    android：versionCode= "1"
    android：versionName= "1.0" >
<uses-sdk
    android：minSdkVersion= "8"
    android：targetSdkVersion= "17" />
<Application
    android：allowBackup= "true"
    android：icon= "@drawable/ic_launcher"
    android：label= "@string/App_name"
    android：theme= "@style/AppTheme" >
<activity
        android：name= "com.es.helloworld.MainActivity"
        android：label= "@string/App_name" >
<intent-filter>
<action android：name= "android.intent.action.MAIN" />
<category android：name= "android.intent.category.LAUNCHER" />
</intent-filter>
</activity>
</Application>
</manifest>
```

7．project.properties

记录项目中所需要的环境信息，如 Android 的版本等。 Hello World 的 project.proper ties 文件代码如下所示，代码中的注释已经把 default.properties 解释得很清楚了：

```
# This file is automatically generated by Android Tools.
# Do not modify this file — YOUR CHANGES WILL BE ERASED!
#
# This file must be checked in Version Control Systems.
#
# To customize properties used by the Ant build system edit
# "ant.properties", and override values to adapt the script to your
# project structure.
```

\#

\# To enable ProGuard to shrink and obfuscate your code, uncomment this（available properties：sdk.dir, user.home）：

\#proguard.config=\${sdk.dir}/tools/proguard/proguard–android.txt：proguard–project.txt

\# Project target.

target=android–10

实验结果如图 6-58 所示。

图 6–58　HelloWorld 实验结果

6.3　UI 的界面开发设计

一、实验目的

1. 熟悉 UI 的各种控件

2. 学习 UI 的基本设计方法

二、实验内容

　　1．学习 UI 的页面布局

　　2．设计一个交互界面

三、实验仪器

　　1．智能手机实验开发系统

　　2．mini–USB 线

　　3．PC 机（USB 口功能正常）

四、实验原理和方法

　　（1）Android 中的重要概念：布局。Android 的界面是由布局和组件协同完成的，布局好比建筑里的框架，而组件则相当于建筑里的砖瓦。组件按照布局的要求依次排列，就组成了用户所看见的界面。Android 的五大布局分别是 LinearLayout（线性布局）、FrameLayout（单帧布局）、RelativeLayout（相对布局）、AbsoluteLayout（绝对布局）和 TableLayout（表格布局）。

　　① LinearLayout 按照垂直或者水平的顺序依次排列子元素，每一个子元素都位于前一个元素之后。如果是垂直排列，那么将是一个 N 行单列的结构，每一行只会有一个元素，而不论这个元素的宽度为多少；如果是水平排列，那么将是一个单行 N 列的结构。如果搭建两行两列的结构，通常的方式是先垂直排列两个元素，每一个元素里再包含一个 LinearLayout 进行水平排列。

　　LinearLayout 中的子元素属性 android：layout_weight 生效，它用于描述该子元素在剩余空间中占有的大小比例。加入一行只有一个文本框，那么它的默认值就为 0，如果一行中有两个等长的文本框，那么它们的 android：layout_weight 值可以是同为 1。如果一行中有两个不等长的文本框，那么它们的 android：layout_weight 值分别为 1 和 2，第一个文本框将占据剩余空间的 2/3，第二个文本框将占据剩余空间中的 1/3。android：layout_weight 遵循数值越小、重要度越高的原则。

　　② FrameLayout 是五大布局中最简单的一个布局，在这个布局中，整个界面被当成一个空白备用区域，所有的子元素都不能被指定放置的位置，它们统统放于这个区域的左上角，并且后面的子元素直接覆盖在前面的子元素之上，将前面的子元素部分和全部遮挡。

　　③ AbsoluteLayout 是绝对位置布局。在此布局中的子元素的 android：layout_x 和 android：layout_y 属性将生效，用于描述该子元素的坐标位置。屏幕左上角为坐标原点

（0，0），第一个 0 代表横坐标，向右移动，此值增大；第二个 0 代表纵坐标，向下移动，此值增大。在此布局中的子元素可以相互重叠。在实际开发中，通常不采用此布局格式，因为它的界面代码过于刚性，以至于有可能不能很好地适配各种终端。

④ RelativeLayout 按照各子元素之间的位置关系完成布局。在此布局中的子元素中与位置相关的属性将生效，如 android：layout_below、android：layout_above 等。子元素通过这些属性和各自的 ID 配合指定位置关系。在指定位置关系时，引用的 ID 必须在引用之前，先被定义，否则将出现异常。

RelativeLayout 中常用的位置属性如下：

android：layout_toLeftOf ——该组件位于引用组件的左方；

android：layout_toRightOf ——该组件位于引用组件的右方；

android：layout_above ——该组件位于引用组件的上方；

android：layout_below ——该组件位于引用组件的下方；

android：layout_alignParentLeft ——该组件是否对齐父组件的左端；

android：layout_alignParentRight ——该组件是否对齐父组件的右端；

android：layout_alignParentTop ——该组件是否对齐父组件的顶部；

android：layout_alignParentBottom ——该组件是否对齐父组件的底部；

android：layout_centerInParent ——该组件是否相对于父组件居中；

android：layout_centerHorizontal ——该组件是否横向居中；

android：layout_centerVertical ——该组件是否垂直居中。

RelativeLayout 是 Android 五大布局结构中最灵活的一种布局结构，比较适合一些复杂界面的布局。

⑤ TableLayout，顾名思义，此布局为表格布局，适用于 N 行 N 列的布局格式。一个 TableLayout 由许多 TableRow 组成，一个 TableRow 就代表 TableLayout 中的一行。TableRow 是 LinearLayout 的子类，它的 android：orientation 属性值恒为 horizontal，并且它的 android：layout_width 和 android：layout_height 属性值恒为 MATCH_PARENT 和 WRAP_CONTENT，所以，它的子元素都是横向排列，并且宽、高一致的。这样的设计使每个 TableRow 中的子元素都相当于表格中的单元格。在 TableRow 中，单元格可以为空，但是不能跨列。

（2）每个控件都嵌在布局中，熟悉了布局后，我们来看一下常用的控件：

① Button：用来显示按钮的 xml 设计。

<Button

android：id= "@+id/button"

android：layout_width= "wrap_content"

```
        android：layout_height= "wrap_content"
    ></Button>
```

② TextView：用来显示文本的控件 xml 设计。

```
<TextView
    android：id= "@+id/textView"        // 设置 id
    android：layout_width = "fill_parent" // 宽度充满全屏
    android：layout_height= "wrap_content" // 高度随控件变化
    android：layout_height= "2dip"
    android：textColor= ""
    android：background= "#aaa00" // 背景颜色
    android：text= "你好" />
    android：paddingLeft= "50px"
    android：paddingTop= "5px"
    android：paddingBottom= "5px"
    android：textSize= "30sp"
    android：singleLine= "true"
    android：layout_below= "@id/imageView_handler" // 在什么下
    android：gravity = "left" // 用于设置 View 中内容相对于 View 组件的对齐方式
    android：layout_gravity // 用于设置 View 组件相对于 Container 的对齐方式
    android：paddingLeft= "30px" // 按钮上设置的内容离按钮左边边界 30 个像素
    android：layout_marginLeft= "30px" // 整个按钮离左边设置的内容 30 个像素
    android：layout_weight= "1" // 控件权重，即占的比例，默认值为 0
    android：gravity= "center_horizontal" // 水平居中
    android：padding= "3dip"
```

③ ImageButton：指带图标的按钮 xml 设计。

```
    <ImageButton
    android：id= "@+id/imageButton1"
    android：layout_width= "wrap_content"
    android：layout_height= "wrap_content"
    android：src= "@drawable/qq"  // 在 xml 设计所使用的图片
    />
```

④ EditText：指可编辑的文本 xml 设计。

```
<EditText
  android：id= "@+id/editText"
  android：layout_width= "fill_parent"
  android：layout_height= "wrap_content"
  android：textSize= "18sp"
  android：layout_x= "29px"
  android：layout_y= "33px"
  android：hint= "请输入账号" // 设置当 m_EditText 中为空时提示的内容
  />
```

⑤ CheckBox：指多项选择。需要对没有按钮设置监听器。

xml 设计：

```
<CheckBox
 android：id= "@+id/checkBox"
 android：layout_width= "fill_parent"
 android：layout_height= "wrap_content"
 android：text= "@string/CheckBox4"
 >
```

监听器：

```
checkBox1.setOnCheckedChangeListener（new CheckBox.OnCheckedChangeListener
（）{// 对每个选项设置事件监听—— CheckBox 监听器
  @Override
  public void onCheckedChanged（CompoundButton buttonView, boolean isChecked）{
  if（m_CheckBox1.isChecked（））{
   DisplayToast（"你选择了："+m_CheckBox1.getText（））;
  }
  }
 }）;
```

⑥ RadioGroup 与 RadioButton：单选选择控件。

一个单选选择由两部分组成，分别是前面的选择按钮和后面的内容。按钮通过 RadioButton 来实现，答案通过 RadioGroup 来实现。

如果确定选择哪一项，那就要设置监听器 setOnCheckedChangeListener。

五、实验步骤

1．新建项目

此过程请参考6.2小节的实验步骤，其中在 Application Name 中输入"UI Application"，在 Projiect Name 中输入"UIApplication"，在 Package Name 中输入"es．uiApplication"；Activity Name 为"MainActivity"，Layout Name 为"activity_main"。

2．输入代码

（1）编辑项目 UIApplication 中的布局文件 activity_main.xml：

双击打开 UIApplication /res/layout/activity_main.xml 文件，输入以下代码：

```
<?xmlversion="1.0" encoding="utf–8"?>
<RelativeLayoutxmlns：android="http：//schemas.android.com/apk/res/android"
    android：orientation="horizontal"
    android：layout_width="fill_parent"
    android：layout_height="fill_parent"
    android：background="#ffffff">
<TextView android：id="@+id/text1"
  android：layout_width="wrap_content"
  android：layout_height="wrap_content"
android：text="@string/hello_world"/>
<TextViewandroid：id="@+id/text2"
  android：layout_width="wrap_content"
android：layout_height="wrap_content"
android：layout_below="@id/text1"
android：text="This is UI design text"
android：textStyle="bold"/>
<TextView android：id="@+id/text3"
  android：layout_below="@id/text2"
  android：layout_width="wrap_content"
  android：layout_height="wrap_content"
android：text="可编辑文本框"/>
<EditTextandroid：id="@+id/ET1"
 android：layout_width="fill_parent"
```

```
android：layout_height= "wrap_content"

android：layout_below= "@id/text3"

android：shadowColor= "#ff0000" />

<TextView android：id= "@+id/text4"

android：layout_width= "wrap_content"

android：layout_height= "wrap_content"

android：layout_below= "@id/ET1"

android：text= "选择按钮"

android：textStyle= "bold" />

<RadioGroup android：layout_width= "wrap_content"

    android：layout_height= "wrap_content"

    android：checkedButton= "@+id/RB1"

android：orientation= "horizontal"

android：layout_below= "@id/text4"

android：id= "@+id/menu" >

<RadioButton android：id= "@+id/RB1"

android：layout_width= "wrap_content"

android：layout_height= "wrap_content"

android：text= "A"

android：textStyle= "normal"

android：textColor= "#000000" />

<RadioButton android：id= "@+id/RB2"

android：layout_width= "wrap_content"

android：layout_height= "wrap_content"

android：textColor= "#000000"

android：text= "B"

android：textStyle= "normal" />

</RadioGroup>

<LinearLayout

    android：layout_below= "@id/menu"

    android：orientation= "vertical"

    android：layout_width= "fill_parent"

    android：layout_height= "fill_parent"
```

>

```
<TextView
android：layout_width= "wrap_content"
android：layout_height= "wrap_content"
android：text= "Button 按钮"
android：textStyle= "bold" />
<Buttonandroid：id= "@+id/btnDate"
    android：text= "日期选择对话框"
    android：layout_width= "fill_parent"
    android：layout_height= "wrap_content" />
<EditTextandroid：id= "@+id/editText"
    android：layout_width= "fill_parent"
    android：layout_height= "wrap_content"
    android：editable= "false"
    android：cursorVisible= "false" />
</LinearLayout>
</RelativeLayout>
```

输入完成后按 "Ctrl+S" 键或单击 "File → Save" 进行保存。

（2）编辑 MainActivity.java 文件。

双击打开 UIApplication /src/es.activity/MainActivity.java 文件，将以下代码输入 Main Activity. java 文件中：

```
package es.uiApplication；
import java.util.Calendar；
import android.App.Activity；
import android.App.DatePickerDialog；
import android.App.Dialog；
import android.os.Bundle；
import android.view.View；
import android.widget.Button；
import android.widget.DatePicker；
import android.widget.EditText；
publicclass MainActivity extends Activity {
privatefinalintDATE_DIALOG = 1；
```

```java
@Override
publicvoid onCreate（Bundle savedInstanceState）{
super.onCreate（savedInstanceState）;
    setContentView（R.layout.activity_main）;
    View.OnClickListener dateBtnListener =
new BtnOnClickListener（DATE_DIALOG）;
    Button btnDate =（Button）findViewById（R.id.btnDate）;
    btnDate.setOnClickListener（dateBtnListener）;
  }
protected Dialog onCreateDialog（int id）{
// 用来获取日期和时间
    Calendar calendar = Calendar.getInstance（）;
    Dialog dialog = null;
switch（id）{
caseDATE_DIALOG：
        DatePickerDialog.OnDateSetListener dateListener =
new DatePickerDialog.OnDateSetListener（）{
@Override
publicvoid onDateSet（DatePicker datePicker,
int year, int month, int dayOfMonth）{
            EditText editText =
            （EditText）findViewById（R.id.editText）;
            editText.setText（  year + "年" +
                （month+1）+ "月" + dayOfMonth + "日"）;
        }
        };
      dialog = new DatePickerDialog（this,
          dateListener,
          calendar.get（Calendar.YEAR）,
          calendar.get（Calendar.MONTH）,
          calendar.get（Calendar.DAY_OF_MONTH））;
break;
      }
```

```
return dialog;
    }
privateclass BtnOnClickListener implements View.OnClickListener {
privateintdialogId = 0;
public BtnOnClickListener（int dialogId）{
this.dialogId = dialogId;
    }
@Override
publicvoid onClick（View view）{
showDialog（dialogId）;
    }


    }
}
```

输入完成后按"Ctrl+S"键或单击"File → Save"进行保存。

（3）编辑 strings.xml 文件。

双击打开 UIApplication/res/values/strings.xml，输入以下代码：

```
<?xmlversion="1.0" encoding="utf–8" ?>
<resources>
<stringname="App_name">UI Application</string>
<stringname="hello_world">UI 界面设计 </string>
</resources>
```

输入完成后按"Ctrl+S"键或单击"File → Save"进行保存。

3．联机调试

（1）安装 USB 驱动。

启动 SDK Manager，在 Android SDK Manager 的主界面上找到"Extras"，查看
Google USB Driver 的状态，如果不是 Installed，而是 Not installed，则参考如图 6–59 所示
选中 Google USB Driver，再单击"Install packages…"进行安装。

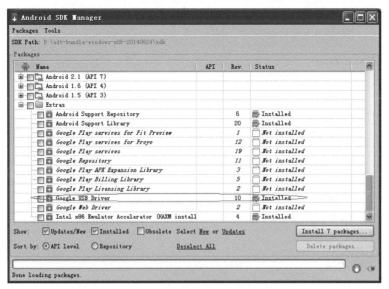

图 6–59

安装完成后，将手机开发板开机，在 Android 启动完毕后，单击平台触摸屏桌面上的设置（setting）→系统（system）→开发者选项（developer），勾选"USB 调试"（USB debug），然后插入 MiniUSB 线与 PC 相连，此时电脑将自动安装驱动，若自动安装驱动失败，可以使用 360 驱动大师安装，安装成功后在设备管理器中可以看到如图 6–60 所示的内容。

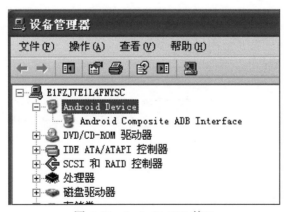

图 6–60　Android ADB 接口

（2）选择运行设备。

右键单击 Activity_Intent 项目，选择"Run As → Run Configurations"，如图 6–61 所示。

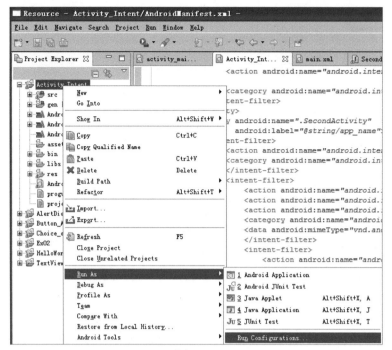

图 6–61

单击"Target",选择"Always prompt to pick device",单击"Run",如图 6–62 所示。

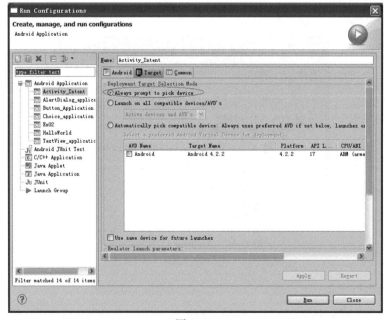

图 6–62

出现如下对话框，选择如图 6–63 所示的设备。

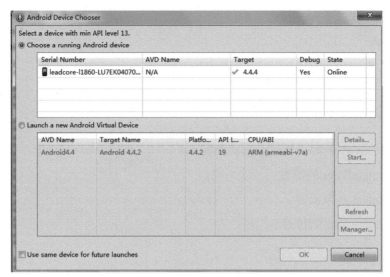

图 6–63

（4）单击"OK"，观察实验结果，如图 6–64 所示。

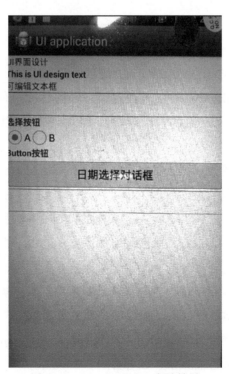

图 6–64　UI Application 实验结果

6.4 Intent 在 Activity 中的应用

一、实验目的

熟悉 Intent 在 Activity 中的使用

二、实验内容

1. 学习 Activity 的隐式跳转、显式跳转
2. 学习 IntentFilter 的配置
3. 学习 Intent 参数设置
4. 学习 Intent 的参数传递

三、实验仪器

1. 智能手机实验开发系统
2. mini–USB 线
3. PC 机（USB 口功能正常）

四、实验原理

Intent 的意思为"意向"，是 Android 中的四大组件之一，分为显式意图和隐式意图。对于显式 Intent，Android 不需要去做解析，因为目标组件已经很明确，Android 需要解析的是那些隐式 Intent，通过解析，将 Intent 映射给可以处理此 Intent 的 Activity、IntentReceiver 或 Service。

Intent 的解析机制主要是通过查找已注册在 AndroidManifest.xml 中的所有 IntentFilter 及其中定义的 Intent，最终找到匹配的 Intent。在这个解析过程中，Android 是通过 Intent 的 action、type、category 这 3 个属性来进行判断的，判断方法如下：

（1）如果 Intent 指定了 action，则目标组件的 IntentFilter 的 action 列表中就必须包含这个 action，否则不能匹配。

（2）如果 Intent 没有提供 type，系统将从 data 中得到数据类型。和 action 一样，目标组件的数据类型列表中必须包含 Intent 的数据类型，否则不能匹配。

（3）如果 Intent 中的数据不是 content：类型的 URI，而且 Intent 也没有明确指定它的 type，将根据 Intent 中数据的 scheme（如 http：或者 mailto：）进行匹配。同上，Intent 的 scheme 必须出现在目标组件的 scheme 列表中。

（4）如果 Intent 指定了一个或多个 category，这些类别必须全部出现在组建的类别

列表中。比如，Intent 中包含了两个类别：LAUNCHER_CATEGORY 和 ALTERNATIVE_CATEGORY，解析得到的目标组件必须至少包含这两个类别。

Intent–Filter 定义一些属性设置的例子：

<action android：name= "com.example.project.SHOW_CURRENT" />

<category android：name= "android.intent.category.DEFAULT" />

<data android：mimeType= "video/mpeg" android：scheme= "http" …/>

<data android：mimeType= "image/*" />

<data android：scheme= "http" android：type= "video/*" />

Data 也就是执行动作要操作的数据，Android 中采用指向数据的一个 URI 来表示，如在联系人应用中，一个指向某联系人的 URI 可能为：content：//contacts/1。对于不同的动作，其 URI 数据的类型是不同的（可以设置 type 属性指定特定类型数据），如 ACTION_EDIT 指定 Data 为文件 URI，打电话为 tel：URI，访问网络为 http：URI，而由 content provider 提供的数据则为 content：URIs。Type（数据类型），显式指定 Intent 的数据类型（MIME）。一般 Intent 的数据类型能够根据数据本身进行判定，但是通过设置这个属性，可以强制采用显式指定的类型而不再进行推导。category（类别），被执行动作的附加信息。例如，LAUNCHER_CATEGORY 表示 Intent 的接受者应该在 Launcher 中作为顶级应用出现；而 ALTERNATIVE_CATEGORY 表示当前的 Intent 是一系列的可选动作中的一个，这些动作可以在同一块数据上执行。

在设计 Intent 的跳转的过程中首先需要在 Activity 的 OnCreate（）生命周期中添加以下关键代码（）：

显示网页　　　　　　　　// 参见 FirstActivity.java 文件中的定义

Uri uri = Uri.parse（"http：//google.com"）; // 转向网页的地址，用统一资源定位符（URI）表示

Intent it = new Intent（Intent.ACTION_VIEW, uri）; // 转向动作的类型。

startActivity（it）;　　　　　　　// 启动其他 Activity

显示地图

Uri uri = Uri.parse（"geo：38.899533,–77.036476"）;

Intent it = new Intent（Intent.ACTION_VIEW, uri）;

startActivity（it）;

打电话

1．叫出拨号程序

Uri uri = Uri.parse（"tel：0800000123"）; // 参见 FirstActivity.java 文件中的定义

Intent it = new Intent（Intent.ACTION_DIAL, uri）;

startActivity（it）;

2．直接打电话出去

Uri uri = Uri.parse（"tel：0800000123"）;

Intent it = new Intent（Intent.ACTION_CALL, uri）;

startActivity（it）;

// 用这个，要在 AndroidManifest.xml 中，加上

. //<uses–permission id=" android.permission.CALL_PHONE" />

调用短信程序

Intent it = new Intent（Intent.ACTION_VIEW, uri）; // 参见 FirstActivity.java 文件中的

定义

it.putExtra（"sms_body"，"The SMS text"）;　　// intent 采用 putExtra（）方法传递

参数

it.setType（"vnd.android–dir/mms–sms"）;　　// 设置传递参数的类型

 startActivity（it）;

传送消息

Uri uri = Uri.parse（"smsto：//0800000123"）;

Intent it = new Intent（Intent.ACTION_SENDTO, uri）;

it.putExtra（"sms_body"，"The SMS text"）;

startActivity（it）;

传送 MMS

Uri uri = Uri.parse（"content：//media/external/images/media/23"）;

Intent it = new Intent（Intent.ACTION_SEND）;

it.putExtra（"sms_body"，"some text"）;

it.putExtra（Intent.EXTRA_STREAM, uri）;

it.setType（"image/png"）;

startActivity（it）;

传送 Email

Uri uri = Uri.parse（"mailto：xxx@abc.com"）;

Intent it = new Intent（Intent.ACTION_SENDTO, uri）;

startActivity（it）;

传送附件

Intent it = new Intent（Intent.ACTION_SEND）;

it.putExtra（Intent.EXTRA_SUBJECT, "The email subject text"）;

it.putExtra（Intent.EXTRA_STREAM, "file：///sdcard/mysong.mp3"）;

it.setType（"audio/mp3"）;

startActivity（Intent.createChooser（it, "Choose Email Client"））; // 选择发送附件的客户端

播放多媒体

Uri uri = Uri.parse（"file：///sdcard/song.mp3"）; // 创建资源定位符定位到 SD 卡

Intent it = new Intent（Intent.ACTION_VIEW, uri）;

it.setType（"audio/mp3"）;

startActivity（it）;

以上是跳转到系统中定义的 Activity，如果跳转到自定义的 Activity，则采用如下设计方式（参见 SecondActivity.java 文件中设计）：

Intent intent=new Intent（）;

intent.setClass（SecondActivity.this, FirstActivity.class）; // 从 SecondActivity 跳转到 FirstActivity

SecondActivity.this.startActivity（intent）;

对于隐式跳转还需要在 AndroidManifest.xml 文件中为需要跳转到的 Activity 中添加 Intent–Filter。

<intent–filter>

<actionandroid：name="android.intent.action.VIEW" />

<actionandroid：name="android.intent.action.EDIT" />

<actionandroid：name="android.intent.action.PICK" />

<categoryandroid：name="android.intent.category.DEFAULT" />

<dataandroid：mimeType="vnd.android.cursor.dir/vnd.google.note" />

</intent–filter>

五、实验步骤

1．新建项目

此过程请参考 6.2 小节中的实验步骤，其中在 Application Name 中输入 "Activity_Intent"，在 Projiect Name 中输入 "Activity_Intent"，在 Package Name 中输入 "es.activity_intent"；Activity Name 为 "FirstActivity"，Layout Name 为 "main"。

2．输入代码

（1）编辑项目 Activity_Intent 中的布局文件 main.xml：

双击打开 Activity_Intent/res/layout/main.xml 文件，输入以下代码：

```
<?xmlversion= "1.0" encoding= "utf–8" ?>
<LinearLayout xmlns：android= "http：//schemas.android.com/apk/res/android"
  android：orientation= "vertical"
  android：layout_width= "fill_parent"
  android：layout_height= "fill_parent"
>
<TextView
android：layout_width= "wrap_content"
android：layout_height= "wrap_content"
android：text= "@string/hello_world"
/>


<TableLayout
    android：id= "@+id/TableLayout1"
    android：layout_width= "fill_parent"
    android：layout_height= "wrap_content"
>
<TableRow>


<TextView
android：text= "Intent 参数传递"
android：id= "@+id/TextView01"
        android：layout_width= "fill_parent"
        android：layout_height= "wrap_content"
>
</TextView>
</TableRow>


<TableRow>
<EditText
```

```
android：id= "@+id/EditView01"
        android：layout_width= "300dip"
        android：layout_height= "wrap_content"
android：text= "http：//www.baidu.com" >
</EditText>
</TableRow>
<TableRow>
<Button
android：id= "@+id/myButton1"
        android：layout_width= "200dip"
        android：layout_height= "50dip"
android：text= "显示跳转" >
</Button>
<Button
android：id= "@+id/myButton2"
        android：layout_width= "200dip"
        android：layout_height= "50dip"
android：text= "网页（隐式）" >
</Button>
</TableRow>
<TableRow>
<Button
android：id= "@+id/myButton3"
        android：layout_width= "200dip"
        android：layout_height= "50dip"
android：text= "打电话（隐式）" >
</Button>
<Button
android：id= "@+id/myButton4"
        android：layout_width= "200dip"
        android：layout_height= "50dip"
android：text= "发短信（隐式）" >
</Button>
```

</TableRow>

</TableLayout>

</LinearLayout>

输入完成后按"Ctrl+S"键或单击"File→Save"进行保存。

（2）编辑 FirstActivity.java 文件。双击打开 Activity_Intent/src/zy.activity/FirstActivity.java 文件，将以下代码输入 FirstActivity.java 文件中：

```
package es.activity_intent；

import android.App.Activity；
import android.App.AlertDialog；
import android.App.AlertDialog.Builder；
import android.content.Intent；
import android.net.Uri；
import android.os.Bundle；
import android.text.Editable；
import android.view.View；
import android.view.View.OnClickListener；
import android.widget.Button；
import android.widget.EditText；
import android.widget.Toast；

publicclass FirstActivity extends Activity {
    private Button myButton_para；
    private Button myButton_page；
    private Button myButton_call；
    private Button myButton_sms；
    private Builder mydialog；
    private Builder mydialog2；
    private Builder mydialog3；
    private EditText myEditView1；
@Override
protectedvoid onCreate（Bundle savedinstanceState）{
super.onCreate（savedinstanceState）；
```

```
setContentView（R.layout.main）;
myButton_para=（Button）findViewById（R.id.myButton1）;
myButton_page=（Button）findViewById（R.id.myButton2）;
myButton_call=（Button）findViewById（R.id.myButton3）;
myButton_sms=（Button）findViewById（R.id.myButton4）;
myEditView1=（EditText）findViewById（R.id.EditView01）;
mydialog=new AlertDialog.Builder（this）.setTitle（"错误提示"）
        .setMessage（"你输入的格式不正确，请参照 http：//www.baidu.com 输入"）
        .setPositiveButton（"确定",null）;
mydialog2=new AlertDialog.Builder（this）.setTitle（"错误提示"）
        .setMessage（"你输入的格式不正确，请参照 tel：10086 输入"）
        .setPositiveButton（"确定",null）;
mydialog3=new AlertDialog.Builder（this）.setTitle（"错误提示"）
        .setMessage（"你输入的格式不正确，请参照 smsto：10086 输入"）
        .setPositiveButton（"确定",null）;
myButton_para.setOnClickListener（new OnClickListener（）
    {
publicvoid onClick（View v）
    {
//TODO Auto-generated method stub
    Editable data=myEditView1.getText（）;
    Intent intent=new Intent（）;
//Intent 传递参数
    System.out.println（data.toString（））;
    intent.putExtra（"FirstActivity",data.toString（））;
    intent.setClass（FirstActivity.this,SecondActivity.class）;
    FirstActivity.this.startActivity（intent）;
    }
    }）;
myButton_page.setOnClickListener（new OnClickListener（）
    {
publicvoid onClick（View v）
    {
```

```
//TODO Auto-generated method stub
    Editable data=myEditView1.getText（）;
if（data.toString（）.equals（""））{
    Toast.makeText（getApplicationContext（）,"网址不能为空",Toast.LENGTH_
LONG）.show（）;
return;
    }
if（!data.toString（）.substring（0,7）.equals（"http: //"））
    {
    System.out.println（data.toString（）.substring（0,7））;
mydialog.show（）;
return;
    }
    Uri uri=Uri.parse（data.toString（））;
    System.out.println（data.toString（））;
    Intent it=new Intent（Intent.ACTION_VIEW,uri）;
    startActivity（it）;
    }
    }）;
myButton_call.setOnClickListener（new OnClickListener（）
    {
publicvoid onClick（View v）
    {
//TODO Auto-generated method stub
    Editable data=myEditView1.getText（）;
if（data.toString（）.equals（""））{
    Toast.makeText（getApplicationContext（）,"号码不能为空",Toast.LENGTH_
LONG）.show（）;
return;
    }
if（!data.toString（）.substring（0,4）.equals（"tel: "））
    {
    System.out.println（data.toString（）.substring（0,4））;
```

```
mydialog2.show ( );
return;
    }
    Uri uri=Uri.parse ( data.toString ( ));
    System.out.println ( data.toString ( ));
    Intent it=new Intent ( Intent.ACTION_DIAL,uri );
    startActivity ( it );
    }
    } );
myButton_sms.setOnClickListener ( new OnClickListener ( )
    {
publicvoid onClick ( View v )
    {
//TODO Auto-generated method stub
    Editable data=myEditView1.getText ( );
if ( data.toString ( ) .equals ( "" )) {
    Toast.makeText ( getApplicationContext ( ), "号码不能为空",Toast.LENGTH_
LONG ) .show ( );
return;
    }
if ( !data.toString ( ) .substring ( 0,6 ) .equals ( "smsto：" ))
    {
    System.out.println ( data.toString ( ) .substring ( 0, 6 ));
mydialog3.show ( );
return;
    }
    Uri uri=Uri.parse ( data.toString ( ));
    System.out.println ( data.toString ( ));
    Intent it=new Intent ( Intent.ACTION_SENDTO,uri );
    it.putExtra ( "sms_body", " The SMS text" );
    startActivity ( it );
    }
    } );
```

```
    }
}
```

输入完成后按 "Ctrl+S" 键或单击 "File–Save" 进行保存。

（3）创建 SecondActivity.java 文件。

右键单击 "File"，选择 "New → other"，如果 6–65 所示。

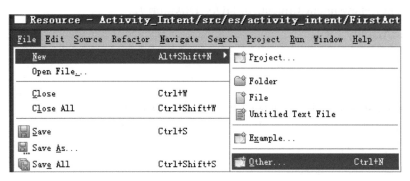

图 6–65

然后选择 "Java → class"，单击 "Next"，如图 6–66 的所示。

图 6–66

在 package 中 输 入 "es.activity_intent"， 在 Name 中 输 入 "SecondActivity"， 在 Superclass 中输入 "android. app. Activity"。单击 "Finish" 完成新建，如图 6–67 所示。

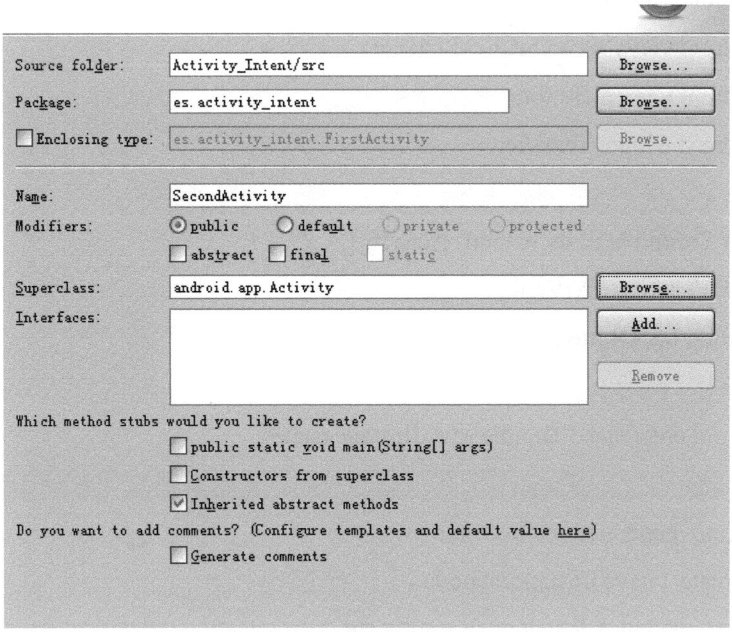

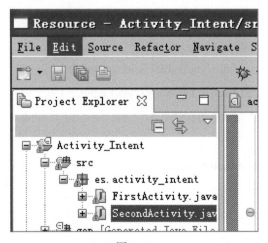

图 6–67

双击打开 "Activity_Intentr/src/es.activity_intent/SecondActivity.java"，如图 6–68 所示。

图 6–68

在 SecondActivity.java 中输入以下代码：

package es.activity_intent；

import android.App.Activity；

```
import android.content.Intent;
import android.os.Bundle;
import android.view.View;
import android.view.View.OnClickListener;
import android.widget.Button;
import android.widget.TextView;

publicclass SecondActivity extends Activity{
private TextView myTextView;
private Button backButton;
@Override
protectedvoid onCreate（Bundle savedInstancestate）
    {
//TODO Auto-generated method stub
super.onCreate（savedInstancestate）;
    setContentView（R.layout.secondlayout）;
    Intent intent=getIntent（）;
     String value=intent.getStringExtra（"FirstActivity"）;
myTextView=（TextView）findViewById（R.id.TextView01）;
myTextView.setText（value）;
     System.out.println（value）;
backButton=（Button）findViewById（R.id.myButton1）;
backButton.setOnClickListener（new OnClickListener（）{
publicvoid onClick（View arg0）
      {
//TODO Auto-generated method stub
     Intent intent=new Intent（）;
     intent.setClass（SecondActivity.this,FirstActivity.class）;
     SecondActivity.this.startActivity（intent）;
    }

}）;
    }
```

}

输入完成后按"Ctrl+S"键或单击"File → Save"进行保存。

（4）添加 secondlayout.xml 文件。

右键单击"File"，选择"New → other"，如图 6–69 所示。

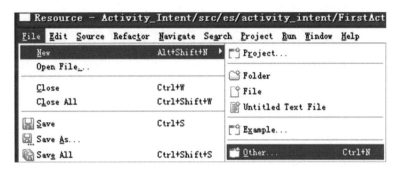

图 6–69

然后选择 android XML File，单击"Next"，如图 6–70 所示。

图 6–70

在弹出的对话框中的"File"中输入文件名"secondlayout.xml"，单击"Finish"完成新建，如图 6-71 所示。

图 6-71

双击打开 Activity_Intent/res/layout/secondlayout.xml 文件，输入以下代码：

<?xmlversion= "1.0" encoding= "utf-8" ?>

<LinearLayout xmlns：android= "http：//schemas.android.com/apk/res/android"

android：layout_width= "fill_parent"

android：layout_height= "wrap_content"

android：orientation= "vertical"

>

<TextView android：id= "@+id/TextView01"

android：layout_width= "fill_parent"

android：layout_height= "wrap_content"

android：text= "this is Second Activity\n" ></TextView>

<Button android：id= "@+id/myButton1"

 android：layout_width= "wrap_content"

android：layout_height= "wrap_content"

android：text= "返回到 FirstActivity" ></Button>

</LinearLayout>

输入完成后按 "Ctrl+S" 键或单击 "File → Save" 进行保存。

（5）编辑 strings.xml 文件。

双击打开 Activity_Intent/res/values/strings.xml，输入以下代码：

<?xmlversion="1.0" encoding="utf–8" ?>

<resources>

<stringname="App_name">Intent 在 Activity 之间的跳转实验 </string>

<stringname="hello_world">Activity_Intent 使用实验 \nThis is First Activity</string>

</resources>

输入完成后按"Ctrl+S"键或单击"File → Save"进行保存。

（6）编辑 AndroidManifest.xml 文件。

双击打开 Intent_Activity/AndroidManifest.xml，找到以下代码。

```
<activity
    android:name=".FirstActivity"
    android:label="@string/app_name" >
    <intent-filter>
        <action android:name="android.intent.action.MAIN" />

        <category android:name="android.intent.category.LAUNCHER" />
    </intent-filter>
</activity>
```

在该代码后加入以下代码：

<activity android：name=".SecondActivity"

android：label="@string/App_name" >

<intent–filter>

<actionandroid：name="android.intent.action.default" />

<categoryandroid：name="android.intent.category.LAUNCHER" />

</intent–filter>

<intent-filter>

<actionandroid：name="android.intent.action.VIEW" />

<actionandroid：name="android.intent.action.EDIT" />

<actionandroid：name="android.intent.action.PICK" />

<categoryandroid：name="android.intent.category.DEFAULT" />

<dataandroid：mimeType="vnd.android.cursor.dir/vnd.google.note" />

</intent–filter>

<intent–filter>

<actionandroid：name="android.intent.action.GET_CONTENT" />

<categoryandroid：name="android.intent.category.DEFAULT" />

<dataandroid：mimeType=“vnd.android.cursor.dir/vnd.google.note”/>

</intent–filter>

<dataandroid：mimeType=“video/mpeg”android：scheme=“http”/>

<dataandroid：mimeType=“image/*”/>

</activity>

输入完成后按"Ctrl+S"键或单击"File → Save"进行保存。

（7）联机调试，观察程序运行结果，如图 6–72 所示。

图 6–72　实验结果

6.5　Button 按钮事件处理

一、实验目的

　　1. 掌握在 Android 中建立 Button 的方法

　　2. 掌握 Button 的常用属性

　　3. 掌握 Button 按钮的单击事件（监听器）

二、实验内容

　　1. 采用布局文件的方式自定义按钮

　　2. 代码中自定义按钮，并响应按钮事件

三、实验仪器

　　1. 智能手机实验开发系统

　　2. mini–USB 线

3．PC 机（USB 口功能正常）

四、实验原理和方法

Button 除了可以使用系统默认的样式，还可以自定义样式。Button 样式修改的是 Button 的背景（Background）属性。下面以一个实例来讲解如何自定义 button 样式。首先写一个定义 Button 样式的 XML 文件：新建 Android XML 文件，类型选 Drawable，根结点选 selector，文件名为 buton_style。程序自动给刚建立的文件里加了 selector 结点，只需要在 selector 结点中写上 3 种状态时显示的背景图片（按下、获取焦点，正常）。代码如下：

Xml 代码（drawable 文件夹下的 button_style.xml 文件）

```
<?xml version="1.0" encoding="utf–8"?>
<selector xmlns：android="http：//schemas.android.com/apk/res/android">
  <item android：state_pressed="true" android：drawable="@drawable/play_press"/>
  <item android：state_focused="true" android：drawable="@drawable/play_press"/>
  <item android：drawable="@drawable/play"/>
</selector>        //android 中通常用 selector 来改变控件的默认背景
```

这里获取焦点与单击时显示的是同一张图片，必须严格按照上面的顺序写，不可颠倒。接下来只要在布局写 Button 控件时应用 Button 的 Background 属性即可。

Xml 代码

```
<Button android：id="@+id/button1"
    android：layout_width="wrap_content" android：layout_height="wrap_content"
    android：background="@drawable/button_style" // 引用 drawabel 文件下的 button_style 资源文件
></Button>
```

在上面的源代码基础上，只需要修改 button_style 文件，同样 3 种状态分开定义：

Xml 代码

```
<?xml version="1.0" encoding="utf–8"?>
<selector xmlns：android="http：//schemas.android.com/apk/res/android"> //
  <item android：state_pressed="true">     // 单击
    <shape>=
      <gradient android：startColor="#0d76e1" android：endColor="#0d76e1"
        android：angle="270"/>                 // 渐变
      <stroke android：width="1dip" android：color="#f403c9"/> // 描边
      <corners android：radius="2dp"/>                // 圆角
```

```
            <padding android：left="10dp" android：top="10dp"
               android：right="10dp" android：bottom="10dp" />        // 间隔
         </shape>
      </item>
      <item android：state_focused="true">    // 获取焦点
         <shape>
            <gradient android：startColor="#ffc2b7" android：endColor="#ffc2b7"
               android：angle="270" />
            <stroke android：width="1dip" android：color="#f403c9" />
            <corners android：radius="2dp" />
            <padding android：left="10dp" android：top="10dp"
               android：right="10dp" android：bottom="10dp" />
         </shape>
      </item>
      <item>                    // 默认情况
         <shape>
            <gradient android：startColor="#000000" android：endColor="#ffffff"
               android：angle="180" />
            <stroke android：width="1dip" android：color="#f403c9" />
            <corners android：radius="5dip" />
            <padding android：left="10dp" android：top="10dp"
               android：right="10dp" android：bottom="10dp" />
         </shape>
      </item>
   </selector>
```

solid：实心，就是填充的意思；android：color 指定填充的颜色。

gradient：渐变；android：startColor 和 android：endColor 分别为起始和结束颜色，ndroid：angle 是渐变角度，必须为 45 的整数倍。

stroke：描边，android：width="2dp" 指描边的宽度，android：color 指描边的颜色。

corners：圆角，android：radius 为角的弧度，值越大角越圆。

要在程序中使用 button，首先在程序中获取 button 实例，并且设置事件监听，处理事件相应。

五、实验步骤

1．新建项目

此过程请参考 6.2 小节中的实验步骤，其中在 Application Name 中输入"Button_Application"，在 Project Name 中输入"Button_Application"，在 Package Name 中输入"es. button_Application"；Activity Name 为"MainActivity"，Layout Name 为"activity_main"。

2．输入代码

（1）编辑项目 Button_Application 中的布局文件 activity_main.xml。

双击打开 Button_Application /res/layout/ activity_main.xml 文件，输入以下代码：

```
<?xmlversion="1.0" encoding="utf–8" ?>
<LinearLayout xmlns：android="http：//schemas.android.com/apk/res/android"
    android：orientation="vertical"
    android：layout_width="fill_parent"
    android：layout_height="fill_parent"
>
<TextView
android：layout_width="fill_parent"
android：layout_height="wrap_content"
android：text="@string/hello"
/>
<TableLayout android：id="@+id/TableLayout01"
        android：layout_width="wrap_content"
android：layout_height="wrap_content" >
<TableRow>
<TextView
android：layout_width="fill_parent"
android：layout_height="wrap_content"
android：text="代码中自定义的按钮"
/>
<Button
android：id="@+id/myButton1"
android：layout_width="wrap_content"
```

```
android：layout_height="wrap_content">
</Button>
</TableRow>
<TableRowandroid：orientation="horizontal">
<TextView
android：layout_width="fill_parent"
android：layout_height="wrap_content"
android：text="XML 文件中自定义的按钮"
></TextView>
<ImageButton
  android：id="@+id/ImageButton"
android：layout_width="wrap_content"
android：layout_height="wrap_content"
android：background="#00000000"
android：src="@drawable/button_add_x"
>
</ImageButton>
</TableRow>
</TableLayout>
</LinearLayout>
```

输入完成后按"Ctrl+S"键或单击"File → Save"进行保存。

（2）编辑 MainActivity.java 文件。

双击打开 Button_Application /src/es.activity/MainActivity.java 文件，将以下代码输入MainActivity.java 文件中：

```
package es.button_Application；
import android.App.Activity；
import android.os.Bundle；
import android.view.MotionEvent；
import android.view.View；
import android.view.View.OnTouchListener；
import android.widget.Button；
```

```
publicclass MainActivity extends Activity
{
private Button imagebutton；
/*called when the activity is first created.*/
@Override
publicvoid onCreate（Bundle savedInstanceState）
{
super.onCreate（savedInstanceState）；
  setContentView（R.layout.activity_main）；
imagebutton=（Button）findViewById（R.id.myButton1）；
imagebutton.setOnTouchListener（new OnTouchListener（）
  {
    publicbooleanonTouch（View v,MotionEvent event）
      {
            if（event.getAction（）== MotionEvent.ACTION_DOWN）{
                // 更改为按下时的图片
                    v.setBackgroundResource（R.drawable.pg4）；
              } elseif（event.getAction（）== MotionEvent.ACTION_UP）{
                // 改为抬起手图片
                    v.setBackgroundResource（R.drawable.png3）；
              }
            returnfalse；
      }
  }）；
}
}
```

输入完成后按 "Ctrl+S" 键或单击 "File → Save" 进行保存。

（3）编辑 strings.xml 文件。

双击打开 Button_Application/res/values/strings.xml，输入以下代码：

```
<?xmlversion= "1.0" encoding= "utf–8" ?>
<resources>
```

<stringname="App_name">Button_Application</string>

<stringname="hello">自定义 button（代码中自定义，XML 中自定义）</string>

</resources>

输入完成后按"Ctrl+S"键或单击"File → Save"进行保存。

（4）添加 button_add_x.xml 文件。步骤如下。

右键单击"drawable–hdpi → new → other"，如图 6–73 所示。

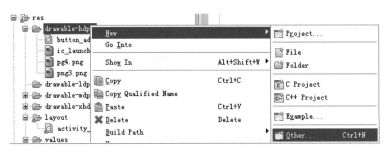

图 6–73

选择 Android XML File 后单击"Next"，如图 6–74 所示。

图 6–74

162

在"Resource Type"中选择"Drawable",在"File"中输入"button_add_x",在 Root Element 中选择"selector",单击"Finish",如图 6–75 所示。

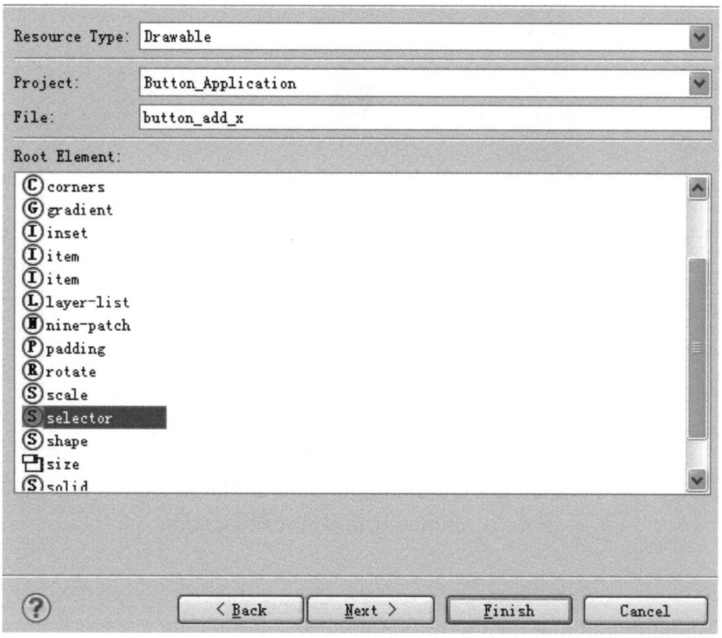

图 6–75

双击打开 Button_Application/res/drawable–hdpi/button_add_x.xml 文件,输入以下代码:

<?xmlversion="1.0" encoding="utf–8" ?>
<selector xmlns：android="http：//schemas.android.com/apk/res/android" >
<itemandroid：state_pressed="false" android：drawable="@drawable/png3" />
<item android：state_pressed="true" android：drawable="@drawable/pg4" />
<item android：state_focused="true" android：drawable="@drawable/png3" />
<item android：drawable="@drawable/pg4" />
</selector>

输入完成后按"Ctrl+S"键或单击"File → Save"进行保存。

任意选择两张图片并命名为 pg4.png 和 png3.png,将文件复制到工程 Button_Application/res/drawable–hdpi 文件夹下(右键单击 drawable–hdpi,选择 Paste 完成粘贴)。

联机调试,观察实验结果,如图 6–76 所示。

图 6–76 Button 按钮事件处理实验结果

6.6 TextView 标签的使用

一、实验目的

1. 学习 TextView 控件的使用

2. 了解 Textview 在 Android 中的作用

二、实验内容

1. 设计一个显示网页链接的 TextView

2. 设计一个显示图片的 TextView

3. 设计一个字体样式颜色可以动态改变的 TextView

三、实验仪器

1. 智能手机实验开发系统

2. mini–USB 线

3. PC 机（USB 口功能正常）

四、实验原理和方法

TextView 通常用来显示普通文本，有时候需要对其中某些文本进行样式、事件方面的设置。Android 系统通过 SpannableString 类来对指定文本进行相关处理，其中各参数的含义介绍如下：

（1）BackgroundColorSpan：背景色。

（2）ClickableSpan：文本可单击，有单击事件。

（3）ForegroundColorSpan：文本颜色（前景色）。

（4）MaskFilterSpan：修饰效果，如模糊（BlurMaskFilter）、浮雕（EmbossMaskFilter）。

（5）MetricAffectingSpan：父类，一般不用。

（6）RasterizerSpan：光栅效果。

（7）StrikethroughSpan：删除线（中划线）。

（8）SuggestionSpan：相当于占位符，一般用在 EditText 输入框中。当双击此文本时，会弹出提示框选择一些建议（推荐的）文字，选中的文本将替换此占位符。在输入法上用得较多。

（9）UnderlineSpan：下划线。

（10）AbsoluteSizeSpan：绝对大小（文本字体）。

（11）DynamicDrawableSpan：设置图片，基于文本基线或底部对齐。

（12）ImageSpan：图片。

（13）RelativeSizeSpan：相对大小（文本字体）。

（14）ReplacementSpan：父类，一般不用。

（15）ScaleXSpan：基于 x 轴缩放。

（16）StyleSpan：字体样式：粗体、斜体等。

（17）SubscriptSpan：下标（数学公式会用到）。

（18）SuperscriptSpan：上标（数学公式会用到）。

（19）TextAppearanceSpan：文本外貌（包括字体、大小、样式和颜色）。

（20）TypefaceSpan：文本字体。

（21）URLSpan：文本超链接。

Android 中布局文件的使用是重点之一，以 LinearLayout 线性布局为例：

共有属性

android：id=“@+id/btn1”　　// @ 地址符号，表示引用其他文件中的资源

控件宽度

android：layout_width=“80px”　//“80dip”或“80dp”

android：layout_width = "wrap_content"　　// 充满内容

android：layout_width = "match_parent"　　// 布满父控件

控件高度

android：layout_height= "80px"　// "80dip" 或 "80dp"

android：layout_height = "wrap_content"

android：layout_height = "match_parent"

控件排布

android：orientation= "horizontal"　　// 垂直

android：orientation= "vertical "　　// 水平

控件间距

android：layout_marginLeft= "5dip"　　// 距离左边

android：layout_marginRight= "5dip"　　// 距离右边

android：layout_marginTop= "5dip"　　// 距离上面

android：layout_marginRight= "5dip"　　// 距离下面

控件显示位置

android：gravity= "center"　//left，right，top，bottom

android：gravity= "center_horizontal"

android：layout_gravity 是本元素对父元素的重力方向。

android：layout_gravity 指设置控件本身相对于父控件的显示位置。

android：gravity 是本元素所有子元素的重力方向。

android：layout_gravity= "center_vertical"

android：layout_gravity= "left"

android：layout_gravity= "left|bottom"

　TextView 中文本字体

android：text= "@String/text1"　　// 在 string.xml 中定义 text1 的值

android：textSize= "20sp"

android：textColor= "#ff123456"

android：textStyle= "bold"　　// 普通（normal），斜体（italic），粗斜体（bold_italic）

定义控件是否可见

android：visibility= "visible"　　// 可见

android：visibility= "invisible"　　// 不可见，但是在布局中占用的位置还在

android：visibility= "gone"　　// 不可见，完全从布局中消失

定义背景图片

android：background="@drawable/img_bg"　//img_bg 为 drawable 下的一张图片

seekbar 指控件背景图片及最大值

android：progressDrawable="@drawable/seekbar_img"

android：thumb="@drawable/thumb"

android：max = "60"

五、实验步骤

1．新建项目

此过程请参考 6.2 小节中的实验步骤，其中在 Application Name 中输入"TextView_Application"，在 Projiect Name 中输入"TextView_Application"，在 Package Name 中输入"es．textview_Application"；Activity Name 为"MainActivity"，Layout Name 为"activity_main"。

2．输入代码

1）编辑项目 TextView_Application 中的布局文件 activity_main.xml：

双击打开 TextView_Application /res/layout/activity_main.xml 文件，输入以下代码：

```
<?xmlversion="1.0" encoding="utf–8"?>
<LinearLayout xmlns：android="http：//schemas.android.com/apk/res/android"
   android：orientation="vertical"
   android：layout_width="fill_parent"
   android：layout_height="fill_parent"
>
<TextView
android：layout_width="fill_parent"
android：layout_height="wrap_content"
android：text="@string/hello"
android：id="@+id/textViewHTML01"
/>
<TextView
android：layout_width="fill_parent"
android：layout_height="wrap_content"
android：text="_____"
```

```
android：id= "@+id/textView01"
/>
<TextView
android：layout_width= "fill_parent"
android：layout_height= "wrap_content"
android：text= "单击显示图片的按钮，使 textview 显示图片"
android：id= "@+id/textViewImage01"
/>
<Button
    android：text= "textview 显示图片"
android：id= "@+id/Button1"
android：layout_width= "wrap_content"
android：layout_height= "50dip" >
</Button>
<TextView
android：layout_width= "fill_parent"
android：layout_height= "wrap_content"
android：text= "没有背景有色背景 \n 蓝色背景，红色文字"
android：id= "@+id/textViewColor01"
></TextView>
<Button
    android：id= "@+id/Button02"
android：text= "更改 textview 字体颜色"
android：layout_width= "wrap_content"
android：layout_height= "50dip"
>
</Button>
</LinearLayout>
```

输入完成后按"Ctrl+S"键或单击"File → Save"进行保存。

（2）编辑 MainActivity.java 文件。

双击打开 TextView_Application /src/es.textview_Application/MainActivity.java 文件，将以下代码输入 MainActivity.java 文件中：

```
package es.textview_Application；
```

```
import android.App.Activity；
import android.graphics.Bitmap；
import android.graphics.BitmapFactory；
import android.graphics.Color；
import android.os.Bundle；
import android.text.Html；
import android.text.Spannable；
import android.text.SpannableString；
import android.text.TextPaint；
import android.text.method.LinkMovementMethod；
import android.text.style.BackgroundColorSpan；
import android.text.style.CharacterStyle；
import android.text.style.ImageSpan；
import android.view.View；
import android.view.View.OnClickListener；
import android.widget.Button；
import android.widget.TextView；


publicclass MainActivity extends Activity {
private TextView tv；
private TextView tvimage；
private Button bt；
private TextView tvColor；
private Button btColor；
intk=0；
int［］arraycolor=newint［］{Color.BLUE,Color.GRAY,Color.RED,Color.YELLOW}；
@Override
protectedvoid onCreate（Bundle savedInstanceState）{
super.onCreate（savedInstanceState）；
    setContentView（R.layout.activity_main）；
tv=（TextView）findViewById（R.id.textViewHTML01）；
tvimage=（TextView）findViewById（R.id.textViewImage01）；
```

```
tvColor=（TextView）findViewById（R.id.textViewColor01）;
bt=（Button）findViewById（R.id.Button1）;
btColor=（Button）findViewById（R.id.Button02）;
    StringBuilder sb=new StringBuilder（）;
    sb.Append（"<font color='yellow'>hello Android</font><br>"）;
    sb.Append（"<font color='blue'><big><i>hello Android</i></big></font>"）;
      sb.Append（"<font color='@'+android.R.color.darker_gray+"><tt><b><big>
<u>hello world</u></big></b></tt></font><br>"）;
        sb.Append（"<a href=\" http：//www.google.com\ ">go to the www.google.com</
a>"）;
        CharSequence charSequence=Html.fromHtml（sb.toString（））;
tv.setText（charSequence）;
tv.setMovementMethod（LinkMovementMethod.getInstance（））;
bt.setOnClickListener（new OnClickListener（）{
    publicvoid onClick（View arg0）{
            //TODO AUTO-generated method stub
            showBitmapToTextView（）;
    }
     }）;
btColor.setOnClickListener（new OnClickListener（）{

    publicvoid onClick（View arg0）{
            //TODO AUTO-generated method stub
            setTextColorAndBackColor（）;
    }

     }）;

    }
privatevoid showBitmapToTextView（）{
    SpannableString spannableString=null;
    Bitmap bitmap=null;
    ImageSpan imageSpan=null;
```

```
        k++;
        if（k%2==0）
        { bitmap= BitmapFactory.decodeResource（getResources（），R.drawable.ic_
launcher）;
        imageSpan=new ImageSpan（this,bitmap）;
        spannableString=new SpannableString（"icon"）;
        }else
        {bitmap= BitmapFactory.decodeResource（getResources（），R.drawable.png4）;
        imageSpan=new ImageSpan（this,bitmap）;
        spannableString=new SpannableString（"png4"）;
        }
        spannableString.setSpan（imageSpan, 0, 4, Spannable.SPAN_EXCLUSIVE_
EXCLUSIVE）;
        tvimage.setText（spannableString）;
        tvimage.setMovementMethod（LinkMovementMethod.getInstance（））;
        }
    privatevoid setTextColorAndBackColor（）{
        String text= "没有背景有色背景 \n 蓝色背景 , 红色文字";
        SpannableString spannableString=new SpannableString（text）;
        if（k>3）k=0;
        BackgroundColorSpan backgroundColorSpan=new BackgroundColorSpan（arraycolor
［k++］）;
        int start=4;
        int end=8;
        spannableString.setSpan（backgroundColorSpan, start, end, Spannable.SPAN_
EXCLUSIVE_EXCLUSIVE）;
        start=10;
        ColorSpan colorSpan=new ColorSpan（Color.RED,Color.BLUE）;
        spannableString.setSpan（colorSpan, start–1, text.length（）, Spannable.SPAN_
EXCLUSIVE_EXCLUSIVE）;
        tvColor.setText（spannableString）;
        tvColor.setMovementMethod（LinkMovementMethod.getInstance（））;
        }
```

```
}
class ColorSpan extends CharacterStyle{
    privateintmTextColor;
    privateintmBackgroundColor;
    public ColorSpan（int mTextColor,int mBackgroundColor）{
            //TODO  AUTO–generated method stub
            this.mBackgroundColor=mBackgroundColor;
            this.mTextColor=mTextColor;
    }
    @Override
    publicvoid updateDrawState（TextPaint tp）{
            tp.setColor（mTextColor）;
            tp.bgColor=mBackgroundColor;
    }
}
```

输入完成后按"Ctrl+S"键或单击"File → Save"进行保存。

（3）编辑 strings.xml 文件。

双击打开 TextView_Application /res/values/strings.xml，输入以下代码：

```
<?xmlversion="1.0" encoding="utf–8" ?>
<resources>


<stringname="App_name">TextView_Application</string>
<stringname="hello">Hello world,FirstActivity!</string>


</resources>
```

输入完成后按"Ctrl+S"键或单击"File → Save"进行保存。

（4）将任意图片命名为 png4.png 文件并复制到工程 TextView_Application /res/drawable–hdpi 文件夹下（右键单击 drawable–hdpi，选择 Paste 完成粘贴）。

（5）联机调试，观察实验结果，如图 6–77 所示。

图 6–77　TextView 标签实验结果

6.7　具有交互功能的对话框 AlertDialog 窗口

一、实验目的

1. 学习 Android 平台中具有交互功能的对话框
2. 了解 AlertDialog 窗口的使用方法

二、实验内容

1. 简单提示对话框
2. 改变对话框图标
3. 简单输入对话框
4. 单选对话框
5. 多选对话框
6. 列表对话框
7. 采用布局文件自定义对话框

三、实验仪器

1. 智能手机实验开发系统
2. mini–USB 线
3. PC 机（USB 口功能正常）

四、实验原理

Activity 提供了一种方便管理的创建、保存、回复的对话框机制。如 onCreateDialog（int）、onPrepareDialog（int，Dialog）、showDialog（int）、dismissDialog（int）等方法，如果使用这些方法，Activity 将通过 getOwnerActivity（）方法返回该 Activity 管理的对话框（dialog）。

onCreateDialog（int）：当使用这个回调函数时，Android 系统会有效地设置这个 Activity 为每个对话框的所有者，从而自动管理每个对话框的状态并挂靠到 Activity 上。这样，每个对话框继承这个 Activity 的特定属性。比如，当一个对话框打开时，菜单键显示为这个 Activity 定义的选项菜单，音量键修改 Activity 使用的音频流。

showDialog（int）：当想要显示一个对话框时，调用 showDialog（int id）方法并传递一个唯一标识这个对话框的整数。当对话框第一次被请求时，Android 从 Activity 中调用 onCreateDialog（int id），在这里初始化这个对话框 Dialog。这个回调方法被传以和 showDialog（int id）相同的 ID。当创建这个对话框后，在 Activity 的最后返回这个对象。

onPrepareDialog（int, Dialog）：在对话框被显示之前，Android 还调用了可选的回调函数 onPrepareDialog（int id, Dialog）。如果想在每一次对话框被打开时改变它的任何属性，可以定义这个方法。这个方法在每次打开对话框时被调用，而 onCreateDialog（int）仅在对话框第一次打开时被调用。如果不定义 onPrepareDialog（），那么这个对话框将保持和上次打开时一样。这个方法也被传递以对话框的 ID 和在 onCreateDialog（）中创建的对话框对象。

dismissDialog（int）：当准备关闭对话框时，可以通过对这个对话框调用 dismiss（）来消除它。如果需要，还可以从这个 Activity 中调用 dismissDialog（int id）方法，这实际上将对这个对话框调用 dismiss（）方法。如果想使用 onCreateDialog（int id）方法来管理对话框的状态，每次对话框消除的时候，这个对话框对象的状态就将由该 Activity 保留。如果决定不再需要这个对象或者想清除该状态，那么应该调用 removeDialog（int id）。这将删除任何内部对象引用，而且如果这个对话框正在显示，它将被消除。

常见的对话框有如下几种：

（1）AlertDialog（警告对话框）：一个可以有 0～3 个按钮、一个单选框或复选框列表的对话框。警告对话框可以创建大多数的交互界面，是推荐的类型。

（2）ProgressDialog（进度对话框）：显示一个进度环或者一个进度条。由于它是 AlertDialog 的扩展，所以它也支持按钮。

（3）DatePickerDialog（日期选择对话框）：让用户选择一个日期。

（4）TimePickerDialog（时间选择对话框）：让用户选择一个时间。

要创建一个 AlertDialog，可以使用 AlertDialog.Builder 子类（Context）来得到一个 Builder，然后使用该类的公有方法来定义 AlertDialog 的属性。设定好以后，使用 create（） 方法来获得 AlertDialog 对象。

使用 setMessage（CharSequence）为对话框增加一条消息。

使用 setCancelable（boolean）将对话框设为不可取消（不能使用 back 键来取消）。 对每一个按钮使用 set...Button（）方法，该方法接受按钮名称和一个 DialogInterface. OnClickListener，该监听器定义了当用户选择该按钮时应做的动作。注意：只能为 AlertDialog 创建一个按钮。也就是说，一个 AlertDialog 不能有两个以上的"positive"按钮。 这使可能的按钮数量最多为 3 个：肯定、否定、中性。这些名字和实际功能没有联系，但 是将帮助记忆它们各做什么事情。

使用 setItems（）增加一个可选列表，该列表接受一个选项名称的列表和一个 DialogInterface.OnClickListener, 后者定义了选项对应的响应。

五、实验步骤

1．新建项目

此过程请参考 6.2 小节的实验步骤，其中在 Application Name 中输入"AlertDialog_ Application"，在 Projiect Name 中输入"AlertDialog_Application"，在 Package Name 中输入"es.AlertDialog"；Activity Name 为"MainActivity"，Layout Name 为"activity_main"。

2．输入代码

（1）编辑项目 AlertDialog_Application 中的布局文件 activity_main.xml。

双击打开 AlertDialog_Application /res/layout/activity_main.xml 文件，输入以下代码：

```
<?xmlversion="1.0" encoding="utf–8" ?>
<LinearLayout xmlns：android="http：//schemas.android.com/apk/res/android"
    android：orientation="vertical"
    android：layout_width="fill_parent"
    android：layout_height="fill_parent"
>
<TextView
android：layout_width="fill_parent"
android：layout_height="wrap_content"
android：text="********** 对话框应用实验 **********"
/>
```

```
<TableLayout android：id="@+id/TableLayout01"
      android：layout_width="1200dip"
android：layout_height="wrap_content" >
<TableRow>
<Button
  android：text="简单提示对话框"
android：id="@+id/Button01"
android：layout_width="250dip"
android：layout_height="wrap_content" >
</Button>
<Button
  android：text="改变图标对话框"
android：id="@+id/Button02"
android：layout_width="250dip"
android：layout_height="wrap_content" >
</Button>
</TableRow>
<TableRow>
<Button
  android：text="简单view话框"
android：id="@+id/Button03"
android：layout_width="250dip"
android：layout_height="wrap_content" >
</Button>
<Button
  android：text="单选对话框"
android：id="@+id/Button04"
android：layout_width="250dip"
android：layout_height="wrap_content" >
</Button></TableRow>
<TableRow>
<Button
  android：text="多选对话框"
```

```
android：id="@+id/Button05"
android：layout_width="250dip"
android：layout_height="wrap_content" >
</Button>
<Button
  android：text="列表对话框"
android：id="@+id/Button06"
android：layout_width="250dip"
android：layout_height="wrap_content" >
</Button></TableRow>
<TableRow>
<Button
  android：text="采用布局文件自定义对话框"
android：id="@+id/Button07"
android：layout_width="250dip"
android：layout_height="wrap_content" >
</Button>
</TableRow>
</TableLayout>
</LinearLayout>
```

输入完成后按"Ctrl+S"键或单击"File → Save"进行保存。

（2）编辑 MainActivity.java 文件。

双击打开 AlertDialog_Application /src/es.activity/MainActivity.java 文件，将以下代码输入 MainActivity.java 文件中：

```
package es.alertdialog_Application;

import android.App.Activity;
import android.App.AlertDialog;
import android.App.AlertDialog.Builder;
import android.content.DialogInterface;
import android.os.Bundle;
import android.view.LayoutInflater;
import android.view.View;
```

```
import android.view.View.OnClickListener;
import android.view.ViewGroup;
import android.widget.Button;
import android.widget.EditText;
import android.widget.Toast;

publicclass MainActivity extends Activity {

    private Button bt1;
    private Button bt2;
    private Button bt3;
    private Button bt4;
    private Button bt5;
    private Button bt6;
    private Button bt7;
    private Builder dialog1;
    private AlertDialog dialog2;
    publicstaticintchoice [ ] =newint [ ] {0,0,0,0,0};
@Override
protectedvoid onCreate（Bundle savedInstanceState）{
super.onCreate（savedInstanceState）;
    setContentView（R.layout.activity_main）;
bt1=（Button）findViewById（R.id.Button01）;
bt2=（Button）findViewById（R.id.Button02）;
bt3=（Button）findViewById（R.id.Button03）;
bt4=（Button）findViewById（R.id.Button04）;
bt5=（Button）findViewById（R.id.Button05）;
bt6=（Button）findViewById（R.id.Button06）;
bt7=（Button）findViewById（R.id.Button07）;
bt1.setOnClickListener（new OnClickListener（）{
publicvoid onClick（View arg0）{
    dialog1=new AlertDialog.Builder（MainActivity.this）
    .setMessage（"确认退出吗?"）
```

```
            .setTitle（"提示"）
        .setPositiveButton（"确认",new DialogInterface.OnClickListener（）{
                            publicvoid onClick（DialogInterface dialog, int whichButton）{
                                Toast.makeText（MainActivity.this,"你选择了确认",
Toast.LENGTH_LONG）.show（）;
                                }
                    }）
                    .setNegativeButton（"取消", new DialogInterface.OnClickListener（）
{
                            publicvoid onClick（DialogInterface dialog, int whichButton）{
                            Toast.makeText（MainActivity.this, "你选择了取消", Toast.
LENGTH_LONG）.show（）;
                                }
                    }）;
        dialog1.show（）;
        }}）;
    bt2.setOnClickListener（new OnClickListener（）{
    publicvoid onClick（View arg0）{
        dialog2=new AlertDialog.Builder（MainActivity.this）.setIcon（R.drawable.pg4）.
setTitle（"喜好调查"）
        .setMessage（"你喜欢 ××× 的电影吗?"）
        .setPositiveButton（"很喜欢", new DialogInterface.OnClickListener（）{
                            publicvoid onClick（DialogInterface dialog, int whichButton）{
                                Toast.makeText（MainActivity.this, "我很喜欢他的
电影",Toast.LENGTH_LONG）.show（）;
                                }
                    }）
                    .setNegativeButton（"不喜欢", new DialogInterface.OnClickListener
（）{
                            publicvoid onClick（DialogInterface dialog, int whichButton）{
                                Toast.makeText（MainActivity.this, "我不喜欢他的
电影",Toast.LENGTH_LONG）.show（）;
                                }
```

```
                })
                .setNeutralButton（"一般"，new DialogInterface.OnClickListener（）{
                        publicvoid onClick（DialogInterface arg0, int arg1）{
                            Toast.makeText（MainActivity.this, "他的电影一般
啦。",Toast.LENGTH_LONG）.show（）;
                        }
                }）.show（）;
        }}）;
    bt3.setOnClickListener（new OnClickListener（）{
    publicvoid onClick（View arg0）{
        new AlertDialog.Builder（MainActivity.this）.setTitle（"请输入"）
        .setIcon（android.R.drawable.ic_dialog_info）
        .setView（new EditText（MainActivity.this））
        .setPositiveButton（"确定",null）
        .setNegativeButton（"取消",null）.show（）;
            }}）;
    bt4.setOnClickListener（new OnClickListener（）{
    publicvoid onClick（View arg0）{
        new AlertDialog.Builder（MainActivity.this）.setTitle（"单选框"）
        .setSingleChoiceItems（new String［］{ "Item1"，"Item2" },1,
        new DialogInterface.OnClickListener（）{
                                publicvoid onClick（DialogInterface dialog, int
which）{
                                    // TODO Auto-generated method stub
                                    Toast.makeText（MainActivity.this, "Item" +
（which+1）,Toast.LENGTH_LONG）.show（）;
                                }
                        }）.setPositiveButton（"确定",null）.show（）;
            }}）;
    bt5.setOnClickListener（new OnClickListener（）{
        publicvoid onClick（View argo）{
                finalint choice［］=newint［］{0,0,0,0,0};
                new AlertDialog.Builder（MainActivity.this）.setTitle（"复选框"）
```

```
                .setMultiChoiceItems（new String［］{"Itme0"，"Itme1"，"Itme2"，"Itme3"，"It
me4"},

                            newboolean［］{false,false,false,false,false},

                            new DialogInterface.OnMultiChoiceClickListener（）{

                    publicvoid onClick（DialogInterface arg0,int arg1,boolean arg2）{

                        if（arg2==true）choice［arg1］=1;

                        else choice［arg1］=0;

                        System.out.println（""+arg1+arg2）;

                    }


            }）
                .setPositiveButton（"确定"，new DialogInterface.OnClickListener（）

                {

                        publicvoid onClick（DialogInterface arg0,int arg1）{


                            String st="你选择了";

                                for（int i=0；i<5；i++）{

                                    if（choice［i］==1）st=st+"Item"
+i;

                                }

                        Toast.makeText（MainActivity.this,st,Toast.LENGTH_
LONG）.show（）;

                    }

            }）

                .setNegativeButton（"取消",null）.show（）;

    }

    }）;



    bt6.setOnClickListener（new OnClickListener（）{

    publicvoid onClick（View arg0）{

        new AlertDialog.Builder（MainActivity.this）.setTitle（"列表框"）

        .setItems（new String［］{"Item1"，"Item2"，"Item3"，"Item4"，"Item5"},null）

        .setNegativeButton（"确定"，null）.show（）;
```

```
        }});
    bt7.setOnClickListener（new OnClickListener（）{
    publicvoid onClick（View arg0）{
        LayoutInflater inflater=getLayoutInflater（）;
        View layout=inflater.inflate（R.layout.dialog,（ViewGroup）findViewById（R.id.
dialog））;
        new AlertDialog.Builder（MainActivity.this）.setTitle（"自定义布局"）
        .setView（layout）
        .setPositiveButton（"确定"，null）
        .setNegativeButton（"取消"，null）.show（）;
            }});


    }
    }
```

输入完成后按"Ctrl+S"键或单击"File → Save"进行保存。

（3）编辑 strings.xml 文件。

双击打开 AlertDialog_Application /res/values/strings.xml，输入以下代码：

```
<?xmlversion="1.0" encoding="utf–8" ?>
<resources>

<stringname="App_name" >AlertDialog_Application</string>
<stringname="hello" >Hello world,MainActivity!</string>

</resources>
```

输入完成后按"Ctrl+S"键或单击"File → Save"进行保存。

（4）添加 dialog.xml 文件。

选择"File→new→android XML File"，在弹出对话框的"File"中输入文件名"dialog.
xml"，单击"Finish"完成新建。

双击打开 AlertDialog_Application /res/layout /dialog.xml 文件，输入以下代码：

```
<?xmlversion="1.0" encoding="utf–8" ?>
<LinearLayout xmlns：android="http：//schemas.android.com/apk/res/android"
```

```
android：layout_width=“wrap_content”
android：layout_height=“wrap_content”
android：id=“@+id/dialog”
android：background=“#ffffffff”
android：orientation=“vertical” >
<ImageView　android：layout_width=“wrap_content”
android：layout_height=“wrap_content”
 android：src=“@drawable/ic_launcher”
android：filterTouchesWhenObscured=“true” ></ImageView>
<TextViewandroid：layout_width=“wrap_content”
android：layout_height=“wrap_content”
android：id=“@+id/tvname”
android：text=“姓名：”
/>
<EditTextandroid：layout_width=“wrap_content”
android：layout_height=“wrap_content”
android：id=“@+id/etname”
android：minWidth=“100dip” ></EditText>


</LinearLayout>
```

（5）联机调试，查看实验结果，如图 6-78 所示。

图 6-78　实验结果

6.8 具有选择功能的对话框的使用小程序

一、实验目的

学习 Android 系统中选择对话框的使用

二、实验内容

1. 编写列表对话框
2. 编写采用布局文件自定义的对话框

三、实验仪器

1. 智能手机实验开发系统
2. mini–USB 线
3. PC 机（USB 口功能正常）

四、实验原理和方法

要创建一个带有多选列表或者单选列表的对话框，可以使用 setMultiChoiceItems（）和 setSingleChoiceItems（）方法。如果在 onCreateDialog（）中创建可选择列表，Android 会自动管理列表的状态。只要 Activity 仍然活跃，那么对话框就会记住刚才选中的选项，但当用户退出 Activity 时，该选择会丢失。注意：要在 acitivity 退出和暂停时保存选择，必须在 Activity 的生命周期中正确保存和恢复设置。为了永久性保存选择，必须使用数据存储技术中的一种。要创建一个具有单选列表的 AlertDialog，只需将一个例子中的 setItems（）换成 setSingleChoiceItems（）。

（1）列表对话框的定义。

new AlertDialog.Builder（FirstActivity.this）.setTitle（"列表框"）.setItems（new String[]{"Item1"，"Item2"，"item3"，"item4"，"item5"}, null）.setNegativeButton（"确定"，null）.show（）;

（2）自定义布局对话框。

LayoutInflater inflater =（LayoutInflater）mContext.getSystemService（LAYOUT_INFLATER_SERVICE）;

View layout = inflater.inflate（R.layout.dialog,null）;

其中，LayoutInflater 的作用是将 layout 的 xml 布局文件实例化为 View 类对象。实现 LayoutInflater 的实例化共有以下 3 种方法。

①通过 SystemService 获得。

LayoutInflater inflater =（LayoutInflater）context.getSystemServices（Context.LAYOUT_INFLATER_SERVICES）;

Viewview = inflater.inflate（R.layout.main, null）;

②从给定的 context 中获得。

LayoutInflaterinflater = LayoutInflater.from（context）;

Viewview = inflater.inflate（R.layout.mian, null）;

③ LayoutInflaterinflater =getLayoutInflater（）;（在 Activity 中可以使用，实际上是 View 子类下 window 的一个函数）

Viewlayout = inflater.inflate（R.layout.main, null）;

（3）RadioButton 和 CheckBox 的区别。

①在选中单个 RadioButton 后，通过单击无法变为未选中，单个 CheckBox 在选中后，通过单击可以变为未选中。

②一组 RadioButton 中只能同时选中一个，一组 CheckBox 中能同时选中多个。

③ RadioButton 在大部分 UI 框架中默认都以圆形表示，CheckBox 在大部分 UI 框架中默认都以矩形表示。

（4）RadioButton 和 RadioGroup 的关系。

① RadioButton 表示单个圆形单选框，而 RadioGroup 是可以容纳多个 RadioButton 的容器。

②每个 RadioGroup 中的 RadioButton 同时只能有一个被选中。

③不同的 RadioGroup 中的 RadioButton 互不相干，即如果组 A 中有一个选中了，组 B 中依然可以有一个被选中。

④大部分场合下，一个 RadioGroup 中至少有两个 RadioButton。

⑤大部分场合下，一个 RadioGroup 中的 RadioButton 默认会有一个被选中，并建议将它放在 RadioGroup 中的起始位置。

五、实验步骤

1．新建项目

此过程请参考 6.2 小节的实验步骤，其中在 Application Name 中输入"Choice_Application"，在 Projiect Name 中输入"Choice_Application"，在 Package Name 中输入"es. choice_Application"；Activity Name 为"MainActivity"，Layout Name 为"activity_main"。

2．输入代码

（1）编辑项目 Choice_Application 中的布局文件 activity_main.xml。

双击打开 Choice_Application /res/layout/activity_main.xml 文件，输入以下代码：

```
<?xmlversion= "1.0" encoding= "utf–8" ?>
<LinearLayout xmlns：android= "http：//schemas.android.com/apk/res/android"
android：layout_width= "fill_parent"
android：layout_height= "fill_parent"
android：orientation= "vertical"
>
<TextView
android：layout_width= "fill_parent"
android：layout_height= "wrap_content"
android：text= "****** 选择对话框应用试验 *****" >
</TextView>
<Button android：id= "@+id/Button06"
 android：layout_width= "wrap_content"
android：layout_height= "wrap_content"
android：text= "列表对话框" ></Button>
<Button android：id= "@+id/Button07"
 android：layout_width= "wrap_content"
android：layout_height= "wrap_content"
android：text= "采用布局文件自定义对话框" ></Button>
</LinearLayout>
```

输入完成后按 "Ctrl+S" 键或单击 "File → Save" 进行保存。

（2）编辑 MainActivity.java 文件。双击打开 Choice_Application /src/es.choice_Application/ MainActivity.java 文件，将以下代码输入 MainActivity.java 文件中：

```
package es.choice_Application;

import android.App.Activity;
import android.App.AlertDialog;
import android.App.AlertDialog.Builder;
import android.content.Context;
```

```
import android.content.DialogInterface;
import android.os.Bundle;
import android.view.LayoutInflater;
import android.view.View;
import android.view.View.OnClickListener;
import android.view.ViewGroup;
import android.widget.Button;
import android.widget.ImageView;
import android.widget.RadioButton;
import android.widget.TextView;
import android.widget.Toast;


publicclass MainActivity extends Activity {
private Button bt6;
private Button bt7;
  RadioButton rb1;
  RadioButton rb2;
publicstaticintchoice [ ] =newint [ ] {0,0,0,0,0};
@Override
protectedvoid onCreate（Bundle savedInstanceState）{
super.onCreate（savedInstanceState）;
    setContentView（R.layout.activity_main）;
bt6=（Button）findViewById（R.id.Button06）;
bt7=（Button）findViewById（R.id.Button07）;
bt6.setOnClickListener（new OnClickListener（）{
publicvoid onClick（View arg0）{
  new AlertDialog.Builder（MainActivity.this）.setTitle（"列表框"）
  .setItems（new String [ ] { "Item1"，"Item2"，"Item3"，"Item4"，"Item5" },null）
  .setNegativeButton（"确定",null）.show（）;
    }}）;
bt7.setOnClickListener（new OnClickListener（）{
publicvoid onClick（View arg0）{
    showCustomDialog（）;
```

```
        }
    } );


    }
    publicvoid showCustomDialog（）{
        AlertDialog.Builder builer;
        AlertDialog alertDialog;
        Context mContext = MainActivity.this;
        LayoutInflater inflater =（LayoutInflater）
                mContext.getSystemService（LAYOUT_INFLATER_SERVICE）;
        View layout = inflater.inflate（R.layout.dialog, null）;
        rb1=（RadioButton）layout.findViewById（R.id.RadioButton01）;
        rb2=（RadioButton）layout.findViewById（R.id.RadioButton02）;
        Builder builder = new AlertDialog.Builder（mContext）;
        builder.setTitle（"选择对话框"）;
        builder.setPositiveButton（"确认",new DialogInterface.OnClickListener（）{
            publicvoid onClick（DialogInterface arg0,int arg1）{
                System.out.println（rb1.isChecked（））;
                if（rb1.isChecked（）==true）
                    Toast.makeText（MainActivity.this,"你选择了选项
一", Toast.LENGTH_LONG）.show（）;
                elseif（rb2.isChecked（）==true）
                    Toast.makeText（MainActivity.this,"你选择了选项
二", Toast.LENGTH_LONG）.show（）;
                else Toast.makeText（MainActivity.this,"你没有选择",Toast.
LENGTH_LONG）.show（）;
            }
        } );
        builder.setView（layout）;
        alertDialog=builder.create（）;
        alertDialog.show（）;


    }
```

第 6 章　Android 应用程序开发实验

}

class listener implements DialogInterface.OnClickListener{

　　publicvoid onClick（DialogInterface arg0,int arg1）{

　　}

}

输入完成后按"Ctrl+S"键或单击"File → Save"进行保存。

（3）编辑 strings.xml 文件。

双击打开 Choice_Application /res/values/strings.xml，输入以下代码：

<?xmlversion="1.0" encoding="utf–8" ?>

<resources>

<stringname="App_name">Choice_Application</string>

<stringname="hello_world">Hello world!</string>

</resources>

输入完成后按"Ctrl+S"键或单击"File → Save"进行保存。

（4）添加 dialog.xml 文件。

选择"File→new→android XML File"，在弹出对话框的"File"中输入文件名"dialog.xml"，单击"Finish"完成新建。

双击打开 Choice_Application /res/layout/dialog.xml 文件，输入以下代码：

<?xmlversion="1.0" encoding="utf–8" ?>

<LinearLayout xmlns：android="http：//schemas.android.com/apk/res/android"

android：layout_width="wrap_content"

android：layout_height="wrap_content"

android：id="@+id/dialog"

android：orientation="horizontal"

>

<TextView android：id="@+id/tvname"

android：layout_width="wrap_content"

android：layout_height="wrap_content"

android：text＝"选项："＞</TextView>

<RadioGroup android：id＝"@+id/RadioGroup01"

　android：layout_width＝"wrap_content"

android：layout_height＝"wrap_content"

android：orientation＝"horizontal"＞

<RadioButtonandroid：id＝"@+id/RadioButton01"

android：layout_width＝"wrap_content"

android：layout_height＝"wrap_content"

android：text＝"选项一"/>

<RadioButtonandroid：id＝"@+id/RadioButton02"

android：layout_width＝"wrap_content"

android：layout_height＝"wrap_content"

android：text＝"选项二"/>

</RadioGroup>

</LinearLayout>

输入完成后按"Ctrl+S"键或单击"File → Save"进行保存。

选择任意图片命名为 pg4.png 并复制到工程 Choice_Application /res/drawable–hdpi 文件夹下（右键单击 drawable–hdpi，选择 Paste 完成粘贴）。

联机调试，观察实验结果，如图 6–79 所示。

图 6–79

6.9　四则运算器程序开发实验

一、实验目的

1. 掌握四则运算器程序实现方法
2. 掌握 Android 系统中 Button 事件的处理

二、实验内容

四则运算器程序的开发

三、实验仪器

1. 智能手机实验开发系统
2. USB 线
3. PC 机（USB 口功能正常）

四、实验原理

四则运算器程序通过 Button 完成操作，可以采用每个 Butoon 建立一个监听事件，但是由于 Butoon 数量过多，为了简化程序，可以采用 Android 操作系统中 Button 事件的其他监听方法，第一种已经讲解，下面主要讲解其他两种。

（1）多个 Button 对应一个监听。

程序中有多个 Button 控件对应一个监听事件，代码如图 6-80 所示。

```
start = (Button) findViewById(R.id.button1);
stop = (Button) findViewById(R.id.button2);
start.setOnClickListener(mylistener );
stop.setOnClickListener(mylistener );
View.OnClickListener mylistener = new View.OnClickListener() {

            @Override
            public void onClick(View v) {
                    switch (v.getId()) {
                    case R.id.button1:
                            Log.d(TAG, "Start to recorder video\n");
                            break;
                    case R.id.button2:
                            Log.d(TAG, "Stop to recorder video\n");
                            break;
                    default:
                            break;
                    }
            }
};
```

图 6-80　两个 Button 对应一个监听事件

在以上代码中，单击"start"和"stop"控件都将调用 mylistener 监听事件，不同按键传入的 View v 变量不同，事件处理函数中通过 swtich 函数选择处理不同的按键事件（注：需要在 extends Activity 后面添加 implements View.OnClickListener）。

（2）xml 中绑定监听。

通过 layout 中的页面布局 XML 文件不仅可以定义 Button 控件，还可以绑定监听事件，对应的代码如图 6–81 和图 6–82 所示。

```
<Button
        android:id="@+id/button1"
        android:layout_height="wrap_content"
        android:layout_width="wrap_content"
        android:onClick="mybuttonlistener">
</Button>
```

图 6–81　XML 绑定监听事件

```
Button btn = (Button) findViewById(R.id.button1);
public void mybuttonlistener(View target){
    //do something5
}
```

图 6–82　Java 监听事件处理

本实验为了简化操作，采用了 BaseAdapter 类处理程序中所有的按键监听。Base Adapter 是 Android 应用程序中经常用到的基础数据适配器，它的主要用途是将一组数据传到 ListView、Spinner、Gallery 及 GridView 等 UI 显示组件，它是继承自接口类 Adapter。Adapter 是 AdapterView 视图与数据之间的桥梁，Adapter 不仅提供对数据的访问，也负责为每一项数据产生一个对应的 View。

五、实验步骤

1．导入 Calculator 程序工程（参考 5.1 小节的实验步骤）
2．运行程序

参照 5.1 小节的实验步骤将程序写入智能手机实验开发系统。可以单击上面的数字进行四则运算，右边有回退和归零按钮。如图 6–83 所示。

图 6–83　计算器运行界面

6.10　个人记账软件程序开发实验

一、实验目的

1. 掌握 SQLite 基础知识和操作方法
2. 掌握程序文件中定义页面布局的方法

二、实验内容

1. 学习 SQLite 数据库的使用
2. 个人记账程序的开发

三、实验仪器

1. 智能手机实验开发系统
2. USB 线
3. PC 机（USB 口功能正常）

四、实验原理

每个应用程序都要使用数据，Android 应用程序也不例外，Android 使用开源的、与操作系统无关的 SQL 数据库——SQLite。SQLite 是一款轻量级数据库，它的设计目标是嵌入式的，占用资源非常低，只需要几百 K 的内存就够了。SQLite 已经被多种软件和产品使用，Mozilla FireFox 就是使用 SQLite 来存储配置数据的，Android 和 iPhone 都是使用 SQLite 来存储数据的。

SQLite 由以下几个组件组成：SQL 编译器、内核、后端以及附件。SQLite 通过利用虚拟机和虚拟数据库引擎（VDBE），使调试、修改和扩展 SQLite 的内核变得更加方便。

SQ 编译器包括 Tokenizer（词法分析器）、Parser（语法分析器）、Code Generator（代码产生器）。它们协同处理文本形式的结构化查询语句。

后端由 B–tree、Pager、OS Interface 组成。B–tree 负责排序，维护多个数据库页面之间错综复杂的关系，将页面组织成树状结构，页面就是树的叶子。Pager 负责传输，根据 B–tree 的请求从磁盘读取页面或者写入页面。

公共服务中有各种实用的功能，如内存分配、字符串比较、Unicode 转换等。

SQLite 和其他的主要 SQL 数据库没什么本质区别。它的优点是高效，Android 系统运行库层包含了完整的 SQLite。

SQLite 和其他数据库最大的不同是对数据类型的支持，创建一个表时，可以在 CREATE

TABLE 语句中指定某列的数据类型，并可以把任何数据类型放入任何列中。当某个值插入数据库时，SQLite 将检查它的类型。如果该类型与关联的列不匹配，则 SQLite 会尝试将该值转换成该列的类型。如果不能转换，则该值将作为其本身具有的类型存储。比如，可以把一个字符串（String）放入 INTEGER 列。SQLite 称这为"弱类型"（manifest typing）。SQLite 的体系结构如图 6-84 所示。

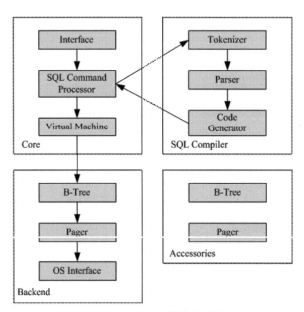

图 6-84　SQLite 的体系结构

1. 创建和打开数据库

在 Android 中创建和打开一个数据库都可以使用 openOrCreateDatabase 方法来实现，因为它会自动检测是否存在这个数据库，如果存在则打开，如果不存在则创建一个数据库，创建成功则返回一个 SQLiteDatabase 对象，否则抛出异常 FileNotFoundException。

图 6-85 为创建一个名为"Test"的数据库，并返回一个 SQLiteDatabase 对象 mSQLiteDatabase。

```
mSQLiteDatabase=this.openOrCreateDatabase("Test",MODE_PRIVATE,null);
```
图 6-85　创建和打开数据库

2. 表操作

（1）创建表。通过 execSQL 方法来执行一条 SQL 语句，如图 6-86 所示。

```
String CREATE_TABLE="create table 表名 (列名, 列名, ……) ";
mSQLiteDatabase.execSQL(CREATE_TABLE);
```
图 6-86　创建表

　　创建表的时候要确定一个主键，这个字段是 64 位整型，别名 _rowid，其特点是自动增长功能。当到达最大值时，会搜索该字段未使用的值（某些记录被删除 _rowid 后会被回收），所以要确定唯一约点、自动增长的主键就必须加入关键字 autoincrement。

　　（2）删除表，如图 6–87 所示。

```
mSQLiteDatabase("drop table 表名");
```
图 6–87　删除表

3．修改数据

　　（1）插入记录：可以使用 insert 方法来添加数据，但是 insert 方法要求把数据都打包到 ContentValues 中，ContentValues 其实就是一个 Map，Key 值是字段名称，Value 值是字段的值。通过 ContentValues 的 put 方法就可以把数据放到 ContentValues 对象中，然后插入表中。具体实现方法如图 6–88 所示。

```
String INSERT_DATA="insert into 表名（列名，……） values （值，……）";
mSQLiteDatabase.execSQL(INSERT_DATA);
```
图 6–88　插入数据

　　（2）更新数据，如图 6–89 所示。

```
String UPDATE_DATA="update 表名 set 列名=xxx where xxx;
mSQLiteDatabase.execSQL(UPDATE_DATA);
```
图 6–89　更新数据

　　（3）删除数据，如图 6–90 所示。

```
mSQLiteDatabase.execSQL("delete from 表名 where 条件");
```
图 6–90　删除数据

五、实验步骤

　　1．导入 PersonalAccount 程序工程（参考 5.1 小节的实验步骤）

　　2．运行程序

　　参考 5.1 小节的实验步骤，将程序写入智能手机实验开发系统。程序初始运行界面如图 6–91 所示，图中图标变成透明后将直接进入添加账单页面，如图 6–92 所示。单击"MENU"按钮后，会显示属性菜单，如图 6–93 所示。单击账单明细将显示账目明细页面，如图 6–94 所示。

图 6-91 程序初始运行界面

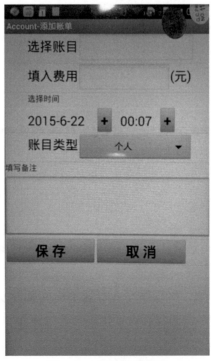

图 6-92 添加账单界面

图 6–93　属性菜单

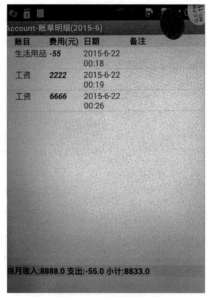

图 6–94　账目明细

6.11　扑克牌游戏程序开发实验

一、实验目的

1. 掌握 ImageView 基础知识
2. 掌握 ProgressBar 基础知识

二、实验内容

猜猜"黑桃 A 在哪儿"游戏的开发

三、实验仪器

1. 智能手机实验开发系统
2. USB 线

3．PC 机（USB 口功能正常）

三、实验原理

猜猜"黑桃 A 在哪儿"游戏通过 ImageView 显示扑克牌，同时通过改变透明度实现渐隐效果，使用 ProgressBar 类实现洗牌时的效果。

（1）ImageView 类可以显示任意图像，加载各种来源的图片（如资源或图片库），使用时需要计算图像的尺寸，以便它可以在其他布局中使用，并提供缩放和着色（渲染）等各种显示选项。在游戏程序中，用到了以下两种方法：

① setImageDrawable：设置 ImageView 显示的内容。如图 6–95 所示为设置 ImageView 对象显示扑克牌的函数。

```
image_View1.setImageDrawable(getResources().getDrawable(poker[0]));
```
图 6–95　设置 image_View1 对象显示 poker［0］

② setAlpha：改变透明度。子类可以使用该方法指定透明度值。应用到 ImageView 的透明度值为 0 ~ 255。用户在选择扑克牌后，未被选取的将设置透明度为 100 以实现渐隐效果。

（2）ProgressBar 类用于指示某些操作进度的视觉指示器。它还有一个次要的进度条，用来显示中间进度，如在流媒体播放的缓冲区的进度。一个进度条也可不确定其进度。在不确定模式下，进度条显示循环动画。在用户执行洗牌操作后，通过 setVisibility 方法将其设置为可见，然后通过 setProgress 方法不断更新进度条的进度。在其他时刻都使用 setVisibility 方法将其设置为不可见。

四、实验步骤

1．导入 A_Spades 程序工程（参考 5.1 小节的实验步骤）。

2．运行程序。参考 5.1 小节的实验步骤将程序写入智能手机实验开发系统。程序运行界面如图 6–96 所示。

用户单击扑克牌执行猜牌操作，如果选择错误则显示如图 6–97 所示的界面。单击洗牌将执行洗牌操作，随机更换黑桃 A 的位置。

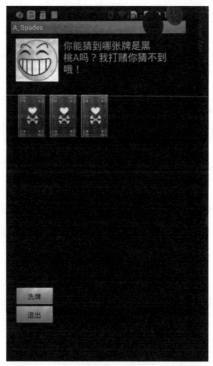

图 6–96　"猜猜黑桃 A 在哪儿"运行界面

图 6–97　猜错黑桃 A 后的游戏界面

6.12 贪吃蛇游戏程序开发实验

一、实验目的

1. 掌握 GestureDetector 类的基础知识
2. 掌握 AudioManager 基础知识

二、实验内容

1. 测试 GestureDetector 类的各种触发事件
2. 贪吃蛇游戏的开发

三、实验仪器

1. 智能手机实验开发系统
2. USB 线
3. PC 机（USB 口功能正常）

四、实验原理

Android 设备大多没有配备键盘，只提供了少数的几个功能按键，大多数操作都通过触摸屏来进行。本 5G 智能终端平台配备了 7 寸的触摸液晶屏，支持很多手势操作。

在 Android 系统的 API 中，GestureDetector 类通过系统提供的 MotionEvents 事件检测各种手势和事件。GestureDetector.ongesturelistener 回调函数将通知用户一个特定的 MotionEvents 事件的发生。这个类只用于报告触摸的 MotionEvents 事件（不能使用追踪事件）。使用这个类的方法是：

（1）创建程序视图的一个 GestureDetector 实例。

（2）在 onTouchEvent（MotionEvents）方法中确保其叫 onTouchEvent（motionevent）。该方法定义在回调时将执行的事件发生。

GestureDetector 能识别手势事件，同时也对外提供了两个能处理不同手势的接口：OnGestureListener 和 OnDoubleTapListener，还 有 一 个 内 部 类 SimpleOnGestureListener。SimpleOnGestureListener 类是 GestureDetector 提供给程序员的一个更方便的响应不同手势的类，这个类实现了上述两个接口（但是所有的方法体都是空的），该类是 static class，也就是说，它实际上是一个外部类。程序员可以在外部继承这个类，重写里面的手势处理方法。

GestureDetector 识别的手势事件主要有：

（1）onTouch 事件：当触摸到触摸屏时触发的事件，如图 6-98 所示。

```
public boolean onTouch(View v, MotionEvent event) {
        return mGestureDetector.onTouchEvent(event);
}
```

图 6–98　onTouch 事件示例代码

（2）onDown 事件：当有用户轻触触摸屏，由 1 个 MotionEvent ACTION_DOWN 触发，如图 6–99 所示。

```
public boolean onDown(MotionEvent arg0) {
        Log.i("MyGesture", "onDown");
        Toast.makeText(this, "onDown", Toast.LENGTH_SHORT).show();
        return true;
}
```

图 6–99　onDown 事件示例代码

（3）onShowPress 事件：用户轻触触摸屏，尚未松开或拖动，由 1 个 MotionEvent ACTION_DOWN 触发（注意：没有松开或者拖动的状态），如图 6–100 所示。

```
public void onShowPress(MotionEvent e) {
        Log.i("MyGesture", "onShowPress");
        Toast.makeText(this, "onShowPress", Toast.LENGTH_SHORT).show();
}
```

图 6–100　onShowPress 事件示例代码

（4）onSingleTapup 事件：用户（轻触触摸屏后）松开，由 1 个 MotionEvent ACTION_UP 触发，如图 6–101 所示。

```
public boolean onSingleTapUp(MotionEvent e) {
        Log.i("MyGesture", "onSingleTapUp");
        Toast.makeText(this, "onSingleTapUp", Toast.LENGTH_SHORT).show();
        return true;
}
```

图 6–101　onSingleTapup 事件示例代码

（5）onFling 事件：用户按下触摸屏、快速移动后松开，由 1 个 MotionEvent ACTION_DOWN、多个 ACTION_MOVE 和 1 个 ACTION_UP 触发，如图 6–102 所示。

```
public boolean onFling(MotionEvent e1, MotionEvent e2, float velocityX,
            float  velocityY)
{
        Log.i("MyGesture", "onFling");
        Toast.makeText(this, "onFling", Toast.LENGTH_LONG).show();
        return true;
}
```

图 6–102　onFling 事件示例代码

（6）onScroll 事件：用户按下触摸屏并拖动，由 1 个 MotionEvent ACTION_DOWN，多个 ACTION_MOVE 触发，如图 6–103 所示。

```
public boolean onScroll(MotionEvent e1, MotionEvent e2, float distanceX,
                float distanceY) {
        Log.i("MyGesture", "onScroll");
        Toast.makeText(this, "onScroll", Toast.LENGTH_LONG).show();
        return true;
}
```

图 6–103　onScroll 事件示例代码

（7）onLongPress 事件：用户长按触摸屏，由多个 MotionEvent ACTION_DOWN 触发，如图 6–104 所示。

```
public void onLongPress(MotionEvent e) {
        Log.i("MyGesture", "onLongPress");
        Toast.makeText(this, "onLongPress", Toast.LENGTH_LONG).show();
}
```

图 6–104　onLongPress 事件示例代码

五、实验步骤

1. 导入 Snake 程序工程（参考 5.1 小节的实验步骤）。

2. 运行程序

参考 5.1 小节的实验步骤将程序写入智能手机实验开发系统。程序运行界面如图 6–105 所示，向上滑动触摸屏，直接开始游戏，如图 6–106 所示，游戏通过触摸屏手势控制。

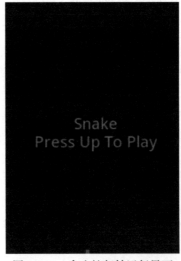

图 6–105　贪吃蛇起始运行界面

图 6–106　游戏运行界面

6.13　扫雷游戏程序开发实验

一、实验目的

掌握 View 类的基础知识

二、实验内容

扫雷游戏的开发

三、实验仪器

1. 智能手机实验开发系统

2. USB 线

3. PC 机（USB 口功能正常）

四、实验原理

1. View 类

View 类是 Android 中的一个超类，这个类几乎包含了所有的屏幕类型。每个 View 都有一个用于绘画的画布，这个画布可以用来进行任意扩展。

窗口中的每个 View 都被排列为一个单一的树。可以通过代码添加 View 或者通过一个或多个 XML 布局文件添加。View 类有很多指定的子类作为控制或可以显示文本、图像或其他内容的子类。一旦创建了一个 View，可能需要执行以下几种常见的操作：

（1）设置属性：如设置 TextView 的文本内容，属性可设置在 XML 布局文件中。

（2）设置焦点：用于响应用户的输入焦点。

（3）监听：建立 View 时允许设置监听，用于处理 View 相关的事件。

（4）设置是否可见：通过 setvisibility 方法可以隐藏或显示 View。

要实现一个 View，首先需要实现框架中一些 View 公用的方法，不必重写所有的方法，可以仅仅重写 onDraw（android.graphics.Canvas），如图 6–107 所示。

```
public class MyView extends View {

    Paint mPaint; //画笔,包含了画几何图形、文本等的样式和颜色信息
    public MyView(Context context) {
        super(context);
    }

    public MyView(Context context, AttributeSet attrs){
        super(context, attrs);
        mPaint = new Paint();
        TypedArray array = context.obtainStyledAttributes(attrs, R.styleable.MyView);
        int textColor = array.getColor(R.styleable.MyView_textColor, 0XFF00FF00);
        float textSize = array.getDimension(R.styleable.MyView_textSize, 36);
        mPaint.setColor(textColor);
        mPaint.setTextSize(textSize);
        array.recycle(); //一定要调用,否则这次的设定会对下次的使用造成影响
    }

    public void onDraw(Canvas canvas){
        super.onDraw(canvas);
        //Canvas中含有很多画图的接口,利用这些接口,我们可以画出我们想要的图形
        //mPaint = new Paint();
        //mPaint.setColor(Color.RED);
        mPaint.setStyle(Style.FILL); //设置填充
        canvas.drawRect(10, 10, 100, 100, mPaint); //绘制矩形
        mPaint.setColor(Color.BLUE);
        canvas.drawText("我是被画出来的", 10, 120, mPaint);
    }
}
```

图 6–107　View 实现方法

2．Graphics 类

要开发游戏，必须在屏幕上绘制 2D 图形，而在 Android 中需要通过 Graphics 类来显示 2D 图形。Graphics 中包括 Canvas、Paint、Color、Bitmap、2D 几何图形等常用类。Graphics 具有绘制点、线、颜色、图像处理、2D 几何图形等功能。下面分别介绍几个常用的类。

（1）Paint 和 Color 类。

要绘图，首先要调整画笔，待画笔调整好后，再将图像绘制到画布上，这样才可以显示在手机屏幕上。Android 中的画笔是 Paint 类。Paint 中包含了设置属性的方法，具体如下：

① setAntiAlias：设置画笔的锯齿效果。

② setColor：设置画笔的颜色。

③ setAlpha：设置 Alpha 值。

④ setTextSize：设置字体尺寸。

⑤ setStyle：设置画笔的风格，空心或者实心。

⑥ getColor：得到画笔的颜色。

⑦ getAilpha：得到画笔的 Alpha 值。

Color 类比较简单，主要定义了一些颜色常量，以及对颜色的转换等。

（2）Canvas 类。

设置好 Paint 和 Color 后，要绘制图像还会使用到 Canvas 类。在 Android 中，Canvas 被当作画布，可以在画布上绘制想要的东西。除了在画布上绘制之外，还需要设置一些关于画布的属性，如画布的颜色、尺寸等。下面介绍 Canvas 的一些基本功能。

① Canvas（）：创建一个空的画布，可以使用 setBitmap（）方法来设置绘制的具体画布。

② Canvas（Bitmap bitmap）：以 bitmap 对象创建一个画布，将内容都绘制在 bitmap 上。

③ drawColor：设置 Canvas 的背景颜色。

④ setBitmap：设置具体画布。

⑤ clipRect：设置显示区域。

⑥ rotate：旋转画布。

五、实验步骤

1. 导入 Mine 程序工程（参考 5.1 小节实验步骤）

2. 运行程序

参考 5.1 小节的实验步骤将程序写入智能手机实验开发系统中。程序运行界面如图 6–107 所示，左上角显示的是地雷的数量，右上角显示的是游戏时间，通过单击屏幕开始游戏并计时。

当触摸到地雷或者点亮了所有的非地雷区域后，游戏结束，界面如图 6–108 所示，如果单击"再试一次！"按钮会重新开始游戏，单击"确定"按钮关闭对话框。在游戏的过程中或者游戏结束关闭对话框后，可以通过单击 Android 系统的"Menu"键打开 Menu 菜单，界面如图 6–109 所示。

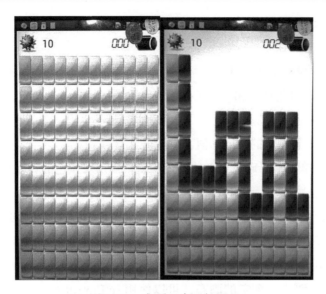

图 6–107 扫雷程序运行界面

图 6–108 游戏结束界面

图 6–109 Menu 界面

单击"开始"按钮会重新初始化游戏，单击"设置"按钮会弹出地雷数量设置窗口，如图 6–110 所示，单击"关于"按钮会显示软件属性。

图 6–110　地雷数量设置界面

第7章 智能手机实验开发系统驱动开发和测试实验

7.1 WiFi 驱动开发实验

一、实验目的

1. 学习 Android 平台中 WiFi 驱动的相关知识
2. 了解 Android 平台中的 WiFi 库
3. 了解 Android 平台中 WiFi 驱动开发的设计

二、实验内容

WiFi 驱动的开发

三、实验仪器

1. 智能手机实验开发系统　　1 个
2. USB 线　　1 根
3. PC 机（USB 口功能正常）　　1 台

四、实验原理和方法

WiFi 是一种无线联网技术，常见的应用是无线路由器。在无线路由器电波覆盖的有效范围内都可以采用 WiFi 连接的方式进行联网。如果无线路由器连接了一个 ADSL 线路或者别的联网线路，则又被称为"热点"。

1. WiFi 操作的一些常见类和接口

（1）ScanResult：主要用来描述已经检测出的接入点，包括接入点的地址、名称、身份认证、频率、信号强度等信息。

（2）WifiConfiguration：WiFi 网络的配置，包括安全配置等。

（3）WifiInfo：WiFi 无线连接的描述，包括接入点、网络连接状态、隐藏的接入点、

IP 地址、连接速度、MAC 地址、网络 ID、信号强度等信息。

（4）WifiManager：包括管理 WiFi 连接的大部分 API，如已经配置好的网络清单，这个清单可以查看和修改，而且可以修改个别记录的属性。当连接中有活动的 WiFi 网络时，可以建立或关闭这个连接，并且可以查询有关网络状态的动态信息。对接入点的扫描结果包含足够的信息来决定需要与什么接入点建立连接。还定义了许多常量来表示 WiFi 状态的改变。

（5）WifiManager.WifiLock：用户一段时间没有任何操作时，WiFi 就会自动关闭，我们可以通过 WifiLock 来锁定 WiFi 网络，使其一直保持连接，直到锁定被释放。当有多个应用程序时可能会有多个 WifiLock，在无线电设备中必须保证任何一个应用中都没有使用 WifiLock 时，才可以关闭它。在使用 WiFi 锁之前，必须确定应用需要 WiFi 的接入，或者能够在移动网络下工作。WiFi 锁不能超越客户端的 WiFi Enabled 设置，也没有飞行模式。如下代码可获得 WifiManager 对象，可使用这个对象来操作 WiFi 连接：

WifiManager wifiManager =（ WifiManager ）getSystemService（ Context.WIFI_SERVICE ）；

2．WiFi 核心模块

（1）WifiService：由 SystemServer 启动的时候生成的 ConnecttivityService 创建，负责启动关闭 wpa_supplicant、启动和关闭 WifiMonitor 线程、把命令下发给 wpa_supplicant，以及更新 WiFi 的状态。

（2）WifiMonitor：负责从 wpa_supplicant 接收事件通知。

（3）Wpa_supplicant：读取配置文件；初始化配置参数，驱动函数；让驱动 scan 当前所有的 bssid；检查扫描的参数是否和用户设置的相符；如果相符，通知驱动进行权限认证操作；连上 AP。

（4）WiFi 驱动模块：厂商提供的 source，主要使 load firmware 和 kernel 的 wireless 进行通信。

（5）WiFi 电源管理模块：主要控制硬件的 GPIO 和上下电，让 CPU 和 WiFi 模组之间通过 sdio 接口通信。

3．驱动调用类的实现方法

主要通过 Android 下的 android.net.wifi 类来实现，如图 7-1 所示。

4．WIFI 工作步骤：

（1）声明 WiFi 访问网络权限。

在 Android 里，所有的 WiFi 操作都在 android.net.wifi 包里。在 AndroidManifest.xml

文件中声明 WiFi 访问网络需要的权限，如图 7-2 所示。

软件包 android.net.wifi

类摘要	
ScanResult	Describes information about a detected access point.
WifiConfiguration	A class representing a configured Wi-Fi network, including the security configuration.
WifiConfiguration.AuthAlgorithm	Recognized IEEE 802.11 authentication algorithms.
WifiConfiguration.GroupCipher	Recognized group ciphers.
WifiConfiguration.KeyMgmt	Recognized key management schemes.
WifiConfiguration.PairwiseCipher	Recognized pairwise ciphers for WPA.
WifiConfiguration.Protocol	Recognized security protocols.
WifiConfiguration.Status	Possible status of a network configuration.
WifiInfo	Describes the state of any Wifi connection that is active or is in the process of being set up.
WifiManager	This class provides the primary API for managing all aspects of Wi-Fi connectivity.

枚举摘要	
SupplicantState	From defs.h in wpa_supplicant.

图 7-1　android.net.wifi 类

```
<uses-permission android:name="android.permission.ACCESS_COARSE_LOCATION"/>
<uses-permission android:name="android.permission.ACCESS_FINE_LOCATION"/>
<uses-permission android:name="android.permission.MODIFY_AUDIO_SETTINGS"/>
<uses-permission android:name="android.permission.BLUETOOTH"/>
<uses-permission android:name="android.permission.BLUETOOTH_ADMIN"/>
<uses-permission android:name="android.permission.CHANGE_WIFI_STATE"/>
<uses-permission android:name="android.permission.ACCESS_WIFI_STATE"/>
<uses-permission android:name="android.permission.READ_PHONE_STATE"/>
<uses-permission android:name="android.permission.VIBRATE"/>
<uses-permission android:name="android.permission.WRITE_EXTERNAL_STORAGE"/>
<uses-permission android:name="android.permission.CAMERA"/>
<uses-permission android:name="android.permission.WAKE_LOCK"/>
<uses-permission android:name="android.permission.INTERNET"/>
```

图 7-2　WiFi 访问网络需要的权限

（2）WiFi 模块的初始化。

在 SystemServer 启动的时候，会生成一个 ConnectivityService 的实例，ConnectivityService 的构造函数会创建 WifiService，WifiStateTracker 会创建 WifiMonitor 接收来自底层的事件，WifiService 和 WifiMonitor 是整个模块的核心。WifiService 负责启动或关闭 wpa_supplicant、启动或关闭 WifiMonitor 监视线程和把命令下发给 wpa_supplicant，而 WifiMonitor 则负责从 wpa_supplicant 接收事件通知。

（3）WiFi 启动。

当用户按下 WiFi 按钮后，Android 会调用 WifiEnabler 的 onPreferenceChange，再

由 WifiEnabler 调用 WifiManager 的 setWifiEnabled 接口函数，通过 AIDL，实际调用的是 WifiService 的 setWifiEnabled 函数，WifiService 接着向自身发送一条 MESSAGE_ENABLE_WiFi 消息，在处理该消息的代码中做真正的使能工作：首先装载 WiFi 内核模块，然后启动 wpa_supplicant，再通过 WifiStateTracker 来启动 WifiMonitor 中的监视线程。

（4）查找热点（AP）。

Settings 应用程序的 WifiLayer.attemptScan 调用 WifiManager.startScan。

Settings 应用程序的 WifiManager.startScan 通过 Binder 机制调用 WifiService.startScan。

WiFi 服务层的 WifiServiceWifiNative.scanCommand 通过 WifiNative 发送扫描命令给 wpa_command 来完成这一发送过程。至此，命令发送成功。

命令的最终响应由 wpa_supplicant 上报 "SCAN–RESULTS" 消息，WifiState Tracker 开启的 WifiMonitor 的 MonitorThread 可以获取此消息并交由 handleEvent 处理。

handleEvent 的处理方式是调用 WifiStateTracker.notifyScanResultsAvailable。

在 WifiStateTracker 中，通过 EVENT_SCAN_RESULTS_AVAILABLE 完成消息传递，调用 sendScanResultsAvailable 将 SCAN_RESULTS_AVAILABLE_ACTION 通知消息广播出去。

WifiLayer 会最终获得这个通知消息，调用 handleScanResultsAvailable 继续处理。次函数会根据返回的 AP 数据建立对应的处理结构，并完成对应界面的绘制，以供用户操作 AP 列表。至此，AP 查找完成，也完成了一次典型的自上而下、再自下而上的情景。

（5）配置 AP 参数。

当用户在 WifiSettings 界面上选择了一个 AP 后，会显示配置 AP 参数的一个对话框。Wifi 连接：当用户在 AcessPointDialog 中选择好加密方式和输入秘钥之后，再单击连接按钮，Android 就会连接这个 AP；WifiLayer 会先检测这个 AP 是不是之前被配置过，其是通过向 wpa_supplicant 发送 LIST_NETWORK 命令并且比较返回值来实现的；如果 wpa_supplicant 没有这个 AP 的配置信息，则会向 wpa_supplicant 发送 ADD_NETWORK 命令来添加该 AP；ADD_NETWORK 命令会返回一个 ID，WifiLayer 再用这个返回的 ID 作为参数向 wpa_supplicant 发送 ENABLE_NETWORK 命令，从而使 wpa_supplicant 连接该 AP。

（6）IP 地址配置。

当 wpa_supplicant 成功连接上 AP 之后，它会向控制通道发送时间通知连接上 AP 了，wifi_wait_for_event 函数会接收到该事件；由此 WifiMonitor 中的 MonitorThread 会被执行来处理这个事件；WifiMonitor 再调用 WifiStateTracker 的 notifyStateChange，Wifi StateTracker 则接着会往自身发送 EVENT_DHCP_START 消息来启动 DHCP 去获取 IP 地

址，然后再广播发送 NETWORK_STATE_CHANGED_ACTION 这个 Intent；WiFILayer 注册了接收 NETWORK_STATE_CHANGED_ACTION 这个 Intent；当 DHCP 拿到 IP 地址之后，会在发送 EVENT_DHCP_SUCCEEDED 消息；WifiLayer 处理 EVENT_DHCP_SUCCEEDED 消息，在此广播发送 NETWORK_STATE_CHANGED_ACTION 这个 Intent，这次带上完整的 IP 地址信息。

WifiAdmin 需要打开（关闭）WiFi、锁定（释放）WifiLock、创建 WifiLock、取得配置好的网络、扫描、连接、断开、获取网络连接的信息。代码解析如下：

```
privateclass WifiAdmin {
// 定义一个 WifiManager 对象
private WifiManager mWifiManager；
// 定义一个 WifiInfo 对象
private WifiInfo mWifiInfo；
// 扫描出的网络连接列表
private List<ScanResult>mWifiList；
// 网络连接列表
private List<WifiConfiguration>mWifiConfigurations；
// 定义一个 WifiLock
WifiLock mWifiLock；
// 构造器
public WifiAdmin（Context context）{
// 取得 WifiManager 对象
mWifiManager=（WifiManager）context.getSystemService（Context.WIFI_SERVICE）；
// 取得 WifiInfo 对象
mWifiInfo=mWifiManager.getConnectionInfo（）；
}
// 打开 WiFi
publicvoid openWifi（）{
if（!mWifiManager.isWifiEnabled（））{
mWifiManager.setWifiEnabled（true）；
}}
关闭 WiFi
publicvoid closeWifi（）{
if（!mWifiManager.isWifiEnabled（））{
```

```
mWifiManager.setWifiEnabled（false）;
}}
// 检查当前 WiFi 状态
publicint checkState（）{
returnmWifiManager.getWifiState（）;
}
// 锁定 WifiLock
publicvoidacquireWifiLock（）{
mWifiLock.acquire（）; }
// 解锁 WifiLock
publicvoidreleaseWifiLock（）{
// 判断是否锁定
if（mWifiLock.isHeld（））{
mWifiLock.acquire（）;
}}
// 创建一个 WifiLock
publicvoid createWifiLock（）{
mWifiLock=mWifiManager.createWifiLock（"test"）;
}
// 得到配置好的网络
public List<WifiConfiguration> getConfiguration（）{
returnmWifiConfigurations; }
// 指定配置好的网络进行连接
publicvoid connectConfiguration（int index）{
// 索引大于配置好的网络索引返回
if（index>mWifiConfigurations.size（））{
return; }
// 连接配置好指定 ID 的网络
mWifiManager.enableNetwork（mWifiConfigurations.get（index）.networkId, true）; }
publicvoid startScan（）{
if（ false == mWifiManager.startScan（））
Log.v（TAG,"the wifi start scan failed"）;
else
```

```
Log.v（TAG，"the wifi start scan call OK"）;
// 得到扫描结果
mWifiList=mWifiManager.getScanResults（）;
Log.v（TAG，"wifi scan list size"+mWifiList.size（））;
// 得到配置好的网络连接
mWifiConfigurations=mWifiManager.getConfiguredNetworks（）; }
// 得到网络列表
public List<ScanResult> getWifiList（）{
returnmWifiList;
}
// 查看扫描结果
public StringBuffer lookUpScan（）{
StringBuffer sb=new StringBuffer（）;
for（int i=0；i<mWifiList.size（）；i++）{
sb.Append（"Index_"+new Integer（i+1）.toString（）+"："）;
// 将 ScanResult 信息转换成一个字符串包
// 其中包括 BSSID、SSID、capabilities、frequency、level
sb.Append（（mWifiList.get（i））.toString（））.Append（"\n"）; }
return sb; }
// 得到 MAC 地址
public String getMacAddress（）{
return（mWifiInfo==null）?"NULL"：mWifiInfo.getMacAddress（）; }
// 得到接入点的 BSSID
public String getBSSID（）{
return（mWifiInfo==null）?"NULL"：mWifiInfo.getBSSID（）; }
// 得到 IP 地址
publicintgetIpAddress（）{
return（mWifiInfo==null）?0：mWifiInfo.getIpAddress（）; }
// 得到连接的 ID
publicintgetNetWordId（）{
return（mWifiInfo==null）?0：mWifiInfo.getNetworkId（）; }
// 得到 wifiInfo 的所有信息
```

public String getWifiInfo（）{

return（mWifiInfo==null）？"NULL"：mWifiInfo.toString（）;　　　}

// 添加一个网络并连接

publicvoidaddNetWork（WifiConfiguration configuration）{

int wcgId=mWifiManager.addNetwork（configuration）;

mWifiManager.enableNetwork（wcgId, true）;　}

// 断开指定 ID 的网络

publicvoiddisConnectionWifi（int netId）{

mWifiManager.disableNetwork（netId）;

mWifiManager.disconnect（）;}}

五、实验步骤

1．将智能手机实验开发系统与电脑连接。

2．在 D 盘目录下新建一个文件夹并取名为 TEST2（可自定义）。

3．打开 eclipse 软件，在 Workspace 中选择 TEST2 文件夹，单击"OK"。

4．单击"File"，选择 Import，如图 7-3 所示。

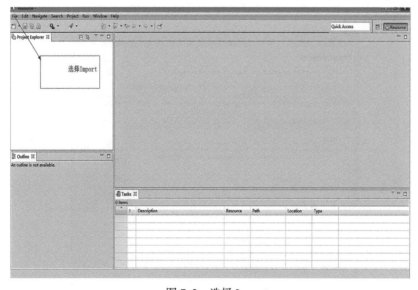

图 7-3　选择 Import

5．单击 select import source 下的 General 文件夹，选择"Existing project into Workspace"，如图 7-4 所示。

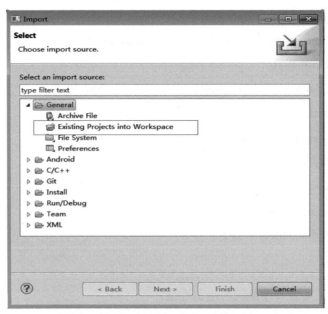

图 7–4　选择 existing project into Workspace

6. 在"select root directory"中选择 drivers 文件夹中的 WIfI 文件夹，单击"Finish"，如图 7–5 所示。

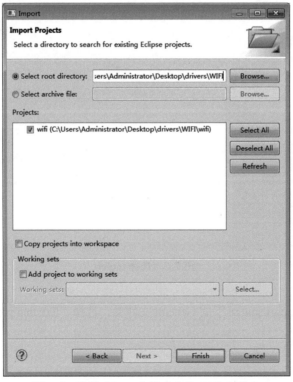

图 7–5　选择 drivers 文件夹中的 WIfI 文件夹

此时屏幕的左侧会显示已经有工程导入 eclipse 中了，如图 7–6 所示。

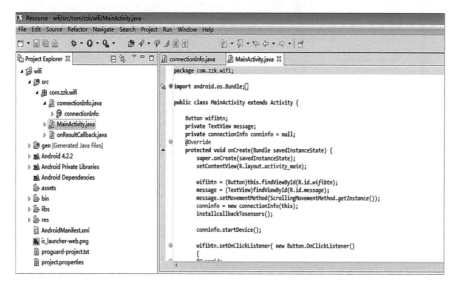

图 7–6

7．右键单击 wifi，选择 Properties，如图 7–7 所示。

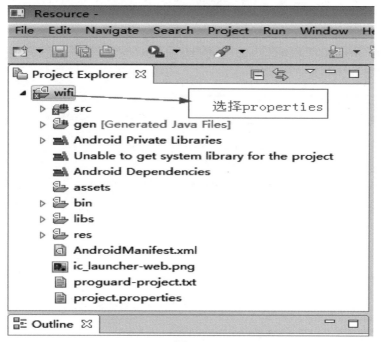

图 7–7

8．选择 Android，选择 Android4.2.2，单击"OK"，如图 7–8 所示。

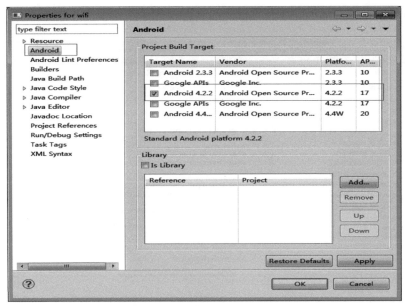

图 7-8

9．单击左侧的 wifi 文件夹，右键单击选择 Run As，选择 Run Configurations。在弹出的对话框的 Target 下面勾选 ◉ Always prompt to pick device ，然后选择"Run"。如图 7-9所示。

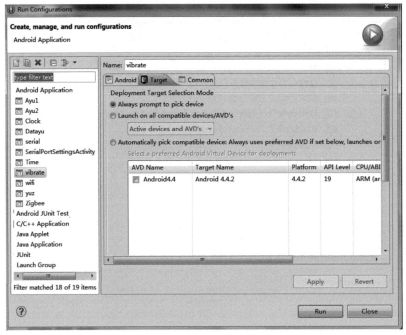

图 7-9

10．在弹出的对话框中选择 leadcore-l1860-LU7EK04070... | N/A | ✔ 4.4.4 | Yes | Online ，单击 "OK"，下载并运行应用程序，如图 7–10 所示。

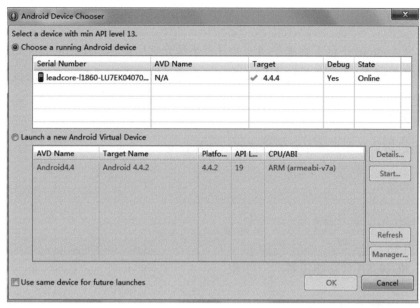

图 7–10

11．在 5G 手机创新开发平台上观察实验现象，看手机屏幕上是否已经出现了 wifi 这个应用软件，如图 7–11 所示。

图 7–11

7.2 光感应传感器驱动开发实验

一、实验目的

1. 学习 Android 平台下智能手机实验开发系统光感应传感器驱动的相关知识

2. 了解 Android 平台中智能手机实验开发系统光感应传感器驱动开发的设计

二、实验内容

智能手机实验开发系统光感应传感器驱动的开发

三、实验仪器

1. 智能手机实验开发系统　　1 个

2. USB 线　　1 根

3. PC 机（USB 口功能正常）　　1 台

四、实验原理和方法

lightsensor 工程中的源代码包括 3 个文件：MainActivity.java 是主活动，相当于整套代码的入口点。OnResultCallback.java 和 sensorInfo.java 相当于实现了上报功能和传感器功能的类，在活动中调用传感器功能，如图 7–12 所示。

图 7–12

1．驱动调用类的实现方法

其是通过 Android 下的 android.hardware.Sensor 和 android.hardware.SensorManager 类来实现的，如图 7–13 所示。

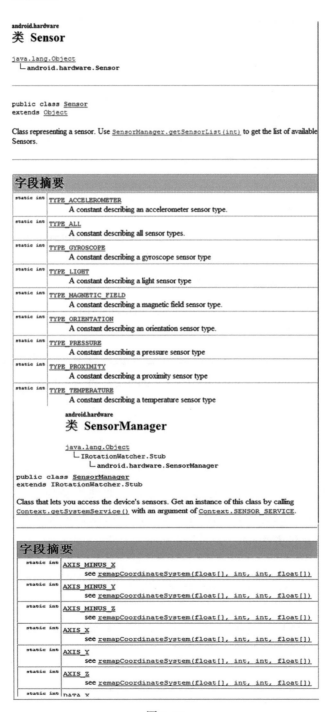

图 7–13

2．编写传感器相关的代码的步骤

（1）获得传感器管理器。

Android 通过一个 SensorManager 来管理各种感应器，获得这个管理器的引用必须通过（SensorManager）getSystemService（Context.SENSOR_SERVICE）这句代码。

mSensorManager=（SensorManger）myactivity.getSystemService（Context.SENSOR_SERVICE）；

（2）获得传感器。

在 Android 系统中所有的感应器都属于 Sensor 类的一个实例，需要通过 SensorManager 来获得，从传感器管理器中获取其中某个或者某些传感器的方法有如下 3 种：

①获取某种传感器的默认传感器。

sensorManager.getDefaultSensor（Sensor.TYPE_LIGHT）；

②获取某种传感器的列表。

List<Sensor> pressureSensors = sensorManager.getSensorList（Sensor.TYPE_LIGHT）；

③获取所有传感器的列表，即本例用的方法。

List<Sensor> allSensors = sensorManager.getSensorList（Sensor.TYPE_ALL）；

（3）给传感器加监听。

感应光线强度的变化，需要通过监听它来获得变化，因此给感应器加个监听，Android 提供了两个监听：一个是 SensorEventListener；另一个是 SensorListener。

```
mSensorManager.registerListener(mSensorListerer, mAcceSensor, SensorManager.SENSOR_DELAY_NORMAL);
return 0;
public boolean registerListener(SensorEventListener listener, Sensor sensor, int rate) {
    return registerListener(listener, sensor, rate, null);
}
```

在 Android 中注册了感应器，也就启用了它，而使用感应器是相当耗电的，这就是为什么感应器的应用没有那么泛滥的主要原因，所以必须在不需要它的时候关掉它。Android 有以下一些注销方法：

```
public void unregisterListener(SensorEventListener listener, Sensor sensor) {
    if (listener == null || sensor == null) {
        return;
    }
public void unregisterListener(SensorEventListener listener) {
    if (listener == null) {
        return;
    }
```

各个参数的含义如下：

Listener：相应监听器的引用；

Sensor：相应的感应器引用；

Rate：感应器的反应速度，必须是系统提供的 4 个常量之一：

SENSOR_DELAY_NORMAL：匹配屏幕方向的变化；

SENSOR_DELAY_UI：匹配用户接口；

SENSOR_DELAY_GAME：匹配游戏；

SENSOR_DELAY_FASTEST.：匹配所能达到的最快速度。

（4）实现具体的监听方法。

在 Android 中，应用程序使用传感器主要依赖 android.hardware.SensorEventListener 接口。该接口可以监听传感器各种事件。SensorEventListener 接口代码如下：

```
final SensorEventListener mSensorListerer = new  SensorEventListener() {
    public void onAccuracyChanged(Sensor sensor, int accuracy) {
    }

    public void onSensorChanged(SensorEvent event) {
        long currentUpdateTime = System.currentTimeMillis();
```

一种方法是反应速度变化，另一种是感应器的值变化的相应的方法。但是需要注意的是，这两种方法的响应是一起的，也就是说，当感应器发生变化时，两种方法都会一起被调用。

下面介绍 accuracy 的值，也就是那 4 个常量相应的整数：

SENSOR_DELAY_NORMAL：3

SENSOR_DELAY_UI：2

SENSOR_DELAY_GAME：1

SENSOR_DELAY_FASTEST.：0

onSensorChanged 方法只有一个 SensorEvent 类型的参数 event，SensorEvent 类有 4 个成员变量：Accuracy（精确值）、Sensor（发生变化的感应器）、Timestamp（发生的时间，单位是纳秒）和 Values（发生变化后的值，是一个长度为 3 数组）。Values 变量最多只有 3 个元素，而且根据传感器的不同，Values 变量中的元素所代表的含义也不同。光线传感器的类型常量是 Sensor.TYPE_LIGHT。Values 数组只有第一个元素（values［0］）有意义，表示光线的强度，其他两个都为 0，单位是 lux 照度单位。Android SDK 将光线强度分为不同的等级，每一个等级的最大值由一个常量表示，这些常量都定义在 SensorManager 类中，代码如下：

```
/** Maximum luminance of sunlight in lux */
public static final float LIGHT_SUNLIGHT_MAX = 120000.0f;
/** luminance of sunlight in lux */
public static final float LIGHT_SUNLIGHT     = 110000.0f;
/** luminance in shade in lux */
public static final float LIGHT_SHADE = 20000.0f;
/** luminance under an overcast sky in lux */
public static final float LIGHT_OVERCAST  = 10000.0f;
/** luminance at sunrise in lux */
public static final float LIGHT_SUNRISE      = 400.0f;
/** luminance under a cloudy sky in lux */
public static final float LIGHT_CLOUDY   = 100.0f;
/** luminance at night with full moon in lux */
public static final float LIGHT_FULLMOON     = 0.25f;
/** luminance at night with no moon in lux*/
public static final float LIGHT_NO_MOON      = 0.001f;
```

上面的 8 个常量只是临界值。在使用光线传感器时要根据实际情况确定一个范围。例如，当太阳逐渐升起时，Values［0］的值很可能会超过 LIGHT_SUNRISE，当 Values［0］的值逐渐增大时，就会逐渐越过 LIGHT_OVERCAST，而达到 LIGHT_SHADE，当然，如果天气特别好的话，也可能会达到 LIGHT_SUNLIGHT，甚至更高。

将 Values 的值显示到屏幕上。

```
if ( event.sensor.getType() == Sensor.TYPE_TEMPERATURE && mTempSensor!= null) {
    if ( (currentUpdateTime - lasttempUpdate) > UPTATE_INTERVAL_TIME) {
        lasttempUpdate= currentUpdateTime;
    } else
        return;
    if (firsttempval != 0)
        onresultcallback.onResult( "the Temperature val x "+ event.values[0], 0);
    firsttempval = 1;
    lasttempval = event.values[0];
}
```

MainActivity 中的代码解释：

当应用程序启动后，首先是实现 MainActivity 类，进入 MainActivity 的实现代码，先加载界面，即 setContentView（R.layout.activity_main）；后面的代码解释如下：

lightbtn =（Button）this.findViewById（R.id.lightsensor）；// 绑 定 Button 控 件

infotxtview =（TextView）findViewById（R.id.Instruction）；// 绑定文本控件

message =（TextView）findViewById（R.id.message）；// 绑定文本控件

message.setMovementMethod（ScrollingMovementMethod.getInstance（））；

sensorinfo = new sensorInfo（this, infotxtview）；// 建立传感器实例

当 Button 控件被按下时，就会被控件的监听函数 OnClickListener 监听到，执行其函数内容。代码解释如下：

lightbtn.setOnClickListener（new Button.OnClickListener（））// 设置按键监听事件

　　{@Override

　　publicvoid onClick（View arg0）

```
{ // TODO Auto–generated method stub
        int err；
infotxtview.setText（"test lightsensor"）；// 设置文本输出
message.setText（"lightsensor info "）；
err= sensorinfo.setLightSensor（）；// 调用光感应传感器
        if（ err == –3 || err == –1）
        {message.Append（"testmsg： "+" light sensor not support"+"\n"）；
            return；
        }float tmp = sensorinfo.readLight（）；// 读出光感应传感器的 value 值
message.Append（"testmsg： "+"light sensor val"+ tmp+"\n"）；
}}）；}
```

五、实验步骤

1．导入工程并选择 Android4.2.2。此时屏幕的左侧会显示已经有工程导入 eclipse 中了。

2．单击左侧文件夹 lightsensor，单击右键选择"Run As"，选择"Android Application"。

3．在 5G 手机创新开发平台上观察实验结果，看手机屏幕上是否已经出现了 lightsensor 这个应用软件。在不同的光照条件下，观察光感应传感器显示的数值，如图 7–14 所示。

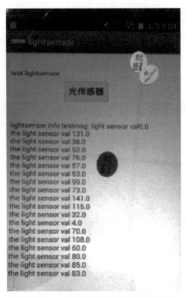

图 7–14　光感应传感器测试结果

7.3　振动马达驱动开发实验

一、实验目的

1．学习 Android 平台下智能手机实验开发系统振动马达驱动的相关知识

2．了解 Android 平台中智能手机实验开发系统振动马达驱动开发的设计

二、实验内容

智能手机实验开发系统振动马达驱动的开发

三、实验仪器

1．智能手机实验开发系统　　1 个

2．USB 线　　1 根

3．PC 机（USB 口功能正常）　　1 台

四、实验原理和方法

1．Vibrate 工程介绍

Vibrate 工程中的源代码包括 3 个文件，与 lightsensor 工程一致，AndroidManifest.xml 为工程描述文件，包括宏定义和用于权限定义，振动的权限需要在此文件中申明，如图 7–15 所示。

```
<uses-permission android:name="android.permission.READ_PHONE_STATE"/>
<uses-permission android:name="android.permission.VIBRATE"/>
<uses-permission android:name="android.permission.WRITE_EXTERNAL_STORAGE"/>
```

图 7–15

2．驱动调用类的实现方法

需要用到 android.os.Vibrator 类，如图 7–16 所示。

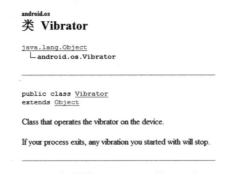

```
android.os
类 Vibrator

java.lang.Object
  └ android.os.Vibrator


public class Vibrator
extends Object

Class that operates the vibrator on the device.

If your process exits, any vibration you started with will stop.
```

构造方法摘要

Vibrator()

方法摘要

void	cancel() Turn the vibrator off.
void	vibrate(long milliseconds) Turn the vibrator on.
void	vibrate(long[] pattern, int repeat) Vibrate with a given pattern.

从类 java.lang.Object 继承的方法

equals, getClass, hashCode, notify, notifyAll, toString, wait, wait, wait

图 7–16

3．Vibrate 代码流程

当启动应用程序后，首先是实现 MainActivity 类，进入 MainActivity 的实现代码，先是加载界面，setContentView（R.layout.activity_main）；后面的代码解释如下：

```
vibratebtn = (Button)this.findViewById(R.id.vibrate);//绑定button控件
vibratebtn.setOnClickListener(Listener);  //设置按键监听事件
infotxtview = (TextView)findViewById(R.id.vibrateview);//绑定文本控件
sensorinfo = new sensorInfo(this, infotxtview);  //建立传感器实例
vibrateinfo = new long[20];
vibrateinfo[0] = 1000;
vibrateinfo[1] = 2000;
vibrateinfo[2] = 1000;
vibrateinfo[3] = 3000;
vibrateinfolen = 4;      //设置振动参数
```

当 Button 控件被按下时，就会被控件的监听函数 OnClickListener 监听到，执行其函数内容。代码解释如下：

```
public void onClick(View v)
{
    infotxtview.setText("test vibration");   //设置文本输出
    long[] virdata= new long[vibrateinfolen];
    long totalms  = 0;
    for (int i=0;i<vibrateinfolen;i++) {
        virdata[i] = vibrateinfo[i];
        totalms+=virdata[i];
    }                                       //设置定时器时长和振动参数vibrateinfo
    sensorinfo.setVibration(vibrateinfo);//调用振动服务
    mytimer = new Timer();  //设置定时器
    mytimer.schedule(new TimerTask() {
        @Override
        public void run() {
            mytimer.cancel();
            mytimer = null;
            return;
        }
    }, totalms);  //设置totalms时间后关闭定时器, 停止振动。
```

振动功能在 sensorInfo 类中实现，首先获取系统服务振动，然后振动。

```
public void setVibration(long[] virdata)
{
    Vibrator vb= (Vibrator) myactivity.getSystemService(Service.VIBRATOR_SERVICE);
    //vb.vibrate(new long[]{1000, 500,1000,1000},-1);
    vb.vibrate(virdata,-1);
    Log.v(TAG,"vibration finish");
}
```

（1）Vibrator vb=（Vibrator）myactivity.getSystemService（Service.VIBRATOR_ SERVICE）；

// 通过 activity 类的 getSystemService 方法获取振动服务，赋值给振动类 vb。

（2）得到震动服务后检测 vibrator 是否存在：vibrator.hasVibrator（）；检测当前硬件是否有 vibrator，如果有，返回 true；如果没有，返回 false。

（3）根据实际需要进行适当的调用。

```
public void vibrate(long milliseconds)
```

Turn the vibrator on.

参数：
```
        milliseconds - How long to vibrate for.
```

开始启动 Vibrator，持续 milliseconds 毫秒。

```
public void vibrate(long[] pattern,
                    int repeat)
```

Vibrate with a given pattern.

以 pattern 方式重复 repeat 次启动 vibrator。pattern 的形式为 new long［ ］{arg1，arg2，arg3，arg4，……}，其中以两个为一组，如 arg1 和 arg2 为一组、arg3 和 arg4 为一组，每一

组的前一个代表等待多少毫秒启动 Vibrator，后一个代表 Vibrator 持续多少毫秒停止，之后往复即可。Repeat 表示重复次数，当其为 –1 时，表示不重复，只以 pattern 的方式运行一次。

例如，程序中：vb.vibrate（virdata,–1）; // 通过振动类 Vibrate 的方法来实现振动。

参数 1：virdata 是一个数组，第一个数据 1000 表示停 1000 ms，第二个数据 2000 表示振动 2000 ms，第三个数据 1000 表示停 1000 ms，第四个数据 1000 表示振动 3000 ms。

vibrateinfo［0］= 1000;

vibrateinfo［1］= 2000;

vibrateinfo［2］= 1000;

vibrateinfo［3］= 3000;

参数 2：–1 表示不重复振动。

（4）Vibrator 停止。

```
public void cancel()
```

从上面的说明可以看出，应用程序调用振动系统是调用一个叫 VIBRATOR_SERVICE 的服务，这个服务有 3 个函数，分别是 hasVibrator（）、r.vibrate、.cancel（）; 这 3 个函数都在 android.os.Vibrator 中。

五、实验步骤

1. 导入工程并选择 Android4.2。

2. 此时屏幕的左侧会显示已经有工程导入 eclipse 中了，如图 7–17 所示。

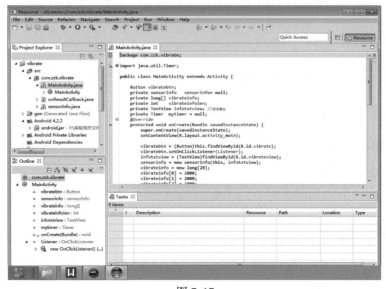

图 7–17

单击左侧的 vibrate 文件夹，右键单击选择"Run As"，选择"Android Application"。

3．在5G手机创新开发平台上观察实验结果，看手机屏幕上是否已经出现了如图7–18所示的应用软件。

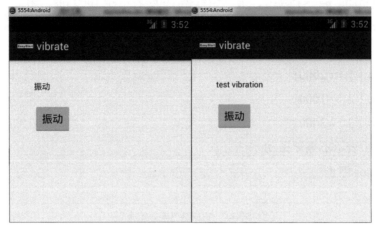

图 7–18

7.4　蓝牙驱动开发实验

一、实验目的

1．学习 Android 平台下智能手机实验开发系统蓝牙驱动的相关知识

2．了解 Android 平台中智能手机实验开发系统蓝牙驱动开发的设计

二、实验内容

智能手机实验开发系统蓝牙驱动的开发

三、实验仪器

1．智能手机实验开发系统　　1 个

2．USB 线　　1 根

3．PC 机（USB 口功能正常）　　1 台

四、实验原理和方法

BlueTooth 工程中的源代码包括 3 个文件：connectionInfo.java 和 OnResultCallback.java

相当于实现上报功能和信息接口的类。MainActivity.java 是主活动，相当于整套代码的入口点。

1. 驱动调用类的实现方法

功能 android.bluetooth 类，如图 7–19 所示。

Package android.bluetooth

Provides classes that manage Bluetooth functionality on the device.

See:
    Description

Interface Summary

BluetoothHeadset.ServiceListener	An interface for notifying BluetoothHeadset IPC clients when they have been connected to the BluetoothHeadset service.
BluetoothIntent	The Android Bluetooth API is not finalized, and *will* change.
IBluetoothA2dp	System private API for Bluetooth A2DP service
IBluetoothDevice	System private API for talking with the Bluetooth service.
IBluetoothDeviceCallback	
IBluetoothHeadset	System private API for Bluetooth Headset service

Class Summary

AtCommandHandler	Handler Interface for AtParser.
AtCommandResult	The result of execution of a single AT command.
AtParser	An AT (Hayes command) Parser based on (a subset of) the ITU-T V.250 standard.
BluetoothA2dp	Public API for controlling the Bluetooth A2DP Profile Service.
BluetoothAudioGateway	Listen's for incoming RFCOMM connection for the headset / handsfree service.
BluetoothClass	The Android Bluetooth API is not finalized, and *will* change.
BluetoothClass.Device	Every Bluetooth device has exactly one device class, comprimised of major and minor components.
BluetoothClass.Device.Major	
BluetoothClass.Service	Every Bluetooth device has zero or more service classes
BluetoothDevice	The Android Bluetooth API is not finalized, and *will* change.
BluetoothError	Bluetooth API error codes.
BluetoothHeadset	The Android Bluetooth API is not finalized, and *will* change.
Database	The Android Bluetooth API is not finalized, and *will* change.
HeadsetBase	The Android Bluetooth API is not finalized, and *will* change.
IBluetoothA2dp.Stub	Local-side IPC implementation stub class.
IBluetoothDevice.Stub	Local-side IPC implementation stub class.
IBluetoothDeviceCallback.Stub	Local-side IPC implementation stub class.
IBluetoothHeadset.Stub	Local-side IPC implementation stub class.
RfcommSocket	The Android Bluetooth API is not finalized, and *will* change.
ScoSocket	The Android Bluetooth API is not finalized, and *will* change.

图 7–19

2. bluetooth 代码流程

当启动应用程序后，首先是实现 MainActivity 类，进入 MainActivity 的实现代码，先是加载界面，setContentView（R.layout.activity_main）；后面的代码解释如图 7–20 所示。

```
public class MainActivity extends Activity {

    Button BTbtn;
    private TextView message;
    private connectionInfo conninfo = null;
    @Override
    protected void onCreate(Bundle savedInstanceState) {
        super.onCreate(savedInstanceState);
        setContentView(R.layout.activity_main);

        BTbtn = (Button)this.findViewById(R.id.BTbtn);//绑定button控件
        message = (TextView)findViewById(R.id.message);//绑定文本控件
        message.setMovementMethod(ScrollingMovementMethod.getInstance());
        conninfo = new connectionInfo(this);//建立连接实例
```

图 7-20

当 Button 控件被按下时，就会被控件的监听函数 OnClickListener 监听到，执行其函数内容。代码解释如图 7-21 所示。

```
public void onClick(View arg0)
{
    // TODO Auto-generated method stub
    message.setText("BT info ");
    conninfo.getbtinfo();//获取蓝牙信息

}
```

图 7-21

BluetoothAdapter 类：代表了一个本地的蓝牙适配器。它是所有蓝牙交互的入口点。利用它可以发现其他蓝牙设备、查询绑定了的设备、使用已知的 MAC 地址实例化一个蓝牙设备和建立一个 BluetoothServerSocket（作为服务器端）来监听来自其他设备的连接。

BluetoothAdapter 类中其他动作常量的说明如下：

ACTION_DISCOVERY_FINISHED：已经完成搜索；

ACTION_DISCOVERY_STARTED：已经开始搜索蓝牙设备；

ACTION_LOCAL_NAME_CHANGED：更改蓝牙名字；

ACTION_REQUEST_DISCOVERABLE：请求能够被搜索；

ACTION_REQUEST_ENABLE：请求开启蓝牙；

ACTION_SCAN_MODE_CHANGED：描述模式已改变；

ACTION_STATE_CHANGED：状态已改变。

BluetoothDevice 代表了一个远端的蓝牙设备，使用它请求远端蓝牙设备连接或者获取远端蓝牙设备的名称、地址、种类和绑定状态（其信息是封装在 bluetoothsocket 中）。

3．蓝牙权限

为了在应用中使用蓝牙功能，至少要在 AndroidManifest.xml 中声明两个权限：BLUETOOTH（任何蓝牙相关 API 都要使用这个权限）和 BLUETOOTH_ADMIN（设备搜索、蓝牙设置等）。为了执行蓝牙通信，如连接请求、接收连接和传送数据都必须有 BLUETOOTH 权限。必须要求 BLUETOOTH_ADMIN 的权限来启动设备发现或操纵蓝牙设置。

```
<uses-permission android:name="android.permission.BLUETOOTH"/>
<uses-permission android:name="android.permission.BLUETOOTH_ADMIN"/>
```

4．蓝牙设备

在应用通过蓝牙进行通信之前，需要确认设备是否支持蓝牙，如果支持，确定它被打开。如果不支持，则不能使用蓝牙功能。如果支持蓝牙，但不能够使用，就要在应用中请求使用蓝牙。

搜索蓝牙设备的流程为：取得蓝牙适配器（getDefaultAdapter）→开始搜索→搜索完成（ACTION_DISCOVERY_FINISHED）→卸载 BroadcastReceiver →发现设备（ACTION_FOUND）→取得设备（EXTRA_DEVICE）。

5．获取 BluetoothAdapter

所有的蓝牙活动请求 BluetoothAdapter，为了获取 BluetoothAdapter，呼叫静态方法 getDefaultAdapter（），返回一个 BluetoothAdapter，代表设备自己的蓝牙适配器（蓝牙无线电）。这个蓝牙适配器应用于整个系统中，应用可以通过这个对象进行交互。如果 getDefaultAdapter（）返回 null，则这个设备不支持蓝牙。

```
mBluetoothAdapter = BluetoothAdapter.getDefaultAdapter();
if (mBluetoothAdapter == null)
{
    // Device does not support Bluetooth
    onresultcallback.onResult("bluetooth fail, no devicefound",0);
}
```

6．打开蓝牙

可以通过 Enabled（）检查蓝牙当前是否可用。如果这个方法返回 false，则蓝牙不能够使用。为了请求蓝牙使用，需要封装一个 ACTION_REQUEST_ENABLE 请求到 intent 里面，调用 startActivityForResult（）方法使用蓝牙设备。通过系统设置中启用蓝牙将发出一个请求（不停止蓝牙应用）。

7．搜索设备

使用 BluetoothAdapter 可以通过设备搜索或查询配对设备找到远程 Bluetooth 设备。在建立连接之前，必须先查询配对好了的蓝牙设备集（周围的蓝牙设备可能不止一个），以便选取哪一个设备进行通信，如可以查询所有配对的蓝牙设备，并使用一个数组适配器将其打印显示。BluetoothDevice 对象需要用来初始化一个连接，唯一需要用到的信息就是 MAC 地址。

```
public void getAllNetWorkList(){
    // 每次点击扫描之前清空上一次的扫描结果
    if(sb!=null){
        sb=new StringBuffer();
    }
    Log.v(TAG, "get wifi list, called");
    //开始扫描网络
    mWifiAdmin.startScan();
    list=mWifiAdmin.getWifiList();

    if(list!=null){
        onresultcallback.onResult("searched wifi network :\n",0);
        int[] levellist = new int[list.size()];
        for(int i=0;i<list.size();i++){
            mScanResult = list.get(i);
            levellist[i] = mScanResult.level;
        }
        Arrays.sort(levellist);
        int threshold;
        if (list.size()<=5)
            threshold = -200;
        else
            threshold = levellist[list.size()-5];
        for(int i=0;i<list.size();i++){
            //得到扫描结果
            mScanResult=list.get(i);
            Log.v(TAG, "BSSID "+ mScanResult.BSSID+ " Level "+ mScanResult.level + "  SSID " + mScanResult.SSID );
            if (mScanResult.level >= threshold) {
                String s = "BSSID "+ mScanResult.BSSID+ " Level "+ mScanResult.level + "  SSID " + mScanResult.SSID;
                onresultcallback.onResult(s,0);
            }
        }
    }
}
```

8．扫描设备

要开始搜索设备，只需简单地调用 startDiscovery（）。该函数是异步的，调用后立即返回，返回值表示搜索是否成功开始。搜索处理通常包括一个 12 秒的查询扫描，然后跟随一个页面显示搜索到设备 Bluetooth 名称。应用中可以注册一个带 ACTION_FOUND Intent 的 BroadcastReceiver，搜索到每一个设备时都接收到消息。对于每一个设备，系统都会广播 ACTION_FOUND Intent，该 Intent 携带着额外的字段信息 EXTRA_DEVICE 和 EXTRA_CLASS，分别包含一个 BluetoothDevice 和一个 BluetoothClass。下面的示例显示如何注册和处理设备被发现后发出的广播。

```
private BroadcastReceiver mReceiver = new BroadcastReceiver()
{
    @Override
    public void onReceive(Context context, Intent intent)
    {
        // TODO Auto-generated method stub
        String action = intent.getAction();
        // When discovery finds a device
        if (BluetoothDevice.ACTION_FOUND.equals(action))
        {
            // Get the BluetoothDevice object from the Intent
            BluetoothDevice device = intent.getParcelableExtra(BluetoothDevice.EXTRA_DEVICE);
            // Add the name and address to an array adapter to show in a ListView
            onresultcallback.onResult(" bt device"+ device.getName()+ device.getAddress(),0);
            //mArrayAdapter.add(device.getName() + ":" + device.getAddress()); 获取设备名称和设备地址
        }
    }
};
```

enable（）；

```
// Register the BroadcastReceiver
IntentFilter filter = new IntentFilter(BluetoothDevice.ACTION_FOUND);
context.registerReceiver(mReceiver, filter); // Don't forget to unregister during onDestroy
```

9．使能被发现

如果想使设备能够被其他设备发现，将 ACTION_REQUEST_DISCOVERABLE 动作封装在 intent 中并调用 startActivityForResult（Intent, int）方法就可以了。它将在不使应用程序退出的情况下让设备能够被发现。缺省情况下的使能时间是 120 s，当然，可以通过添加 EXTRA_DISCOVERABLE_DURATION 字段来改变使能时间（最大不超过 300 s，这是出于对设备上的信息的安全考虑）。

　　自动开启 gps 的方法：

```
private void toggleGPS()
{   Intent gpsIntent = new Intent();
    gpsIntent.setClassName("com.android.settings","com.android.settings.widget.SettingsAppWidgetProvider");
    gpsIntent.addCategory("android.intent.category.ALTERNATIVE");
    gpsIntent.setData(Uri.parse("custom:3"));
    try {
        PendingIntent.getBroadcast(context,0,gpsIntent,0).send();
    } catch (CanceledException e) {
        e.printStackTrace();
    }
}
public void getbtinfo()
{
    mBluetoothAdapter.startDiscovery();
    onresultcallback.onResult(" Bluetooth name & address:"+ mBluetoothAdapter.getName()+ mBluetoothAdapter.getAddress(),0);
    if(mBluetoothAdapter.enable() == false)
        onresultcallback.onResult(" Bluetooth not enabled, pls enable it",0);
    // Register the BroadcastReceiver
    IntentFilter filter = new IntentFilter(BluetoothDevice.ACTION_FOUND);
    context.registerReceiver(mReceiver, filter); // Don't forget to unregister during onDestroy

    IntentFilter filter1 = new IntentFilter((BluetoothAdapter.ACTION_DISCOVERY_FINISHED));
    context.registerReceiver(mfinishdiscvReceiver, filter1); // Don't forget to unregister during onDestroy

    mBluetoothAdapter.startDiscovery();
    Log.v(TAG, "reg bt listener");
}
```

五、实验步骤

　　1．导入工程并选择 Android4.2.2。此时屏幕的左侧会显示已经有工程导入 eclipse 中了。

　　2．单击左侧文件夹 BlueTooth，右键单击选择 "Run As"，选择 "Android Application"。

　　3．在 5G 手机创新开发平台上观察实验结果，看手机屏幕上是否已经出现了 BlueTooth 这个应用软件。单击查看搜索到的蓝牙设备信息，如图 7-22 所示。

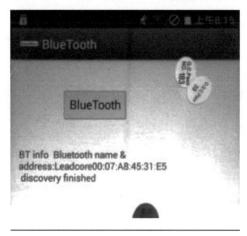

图 7-22

7.5 音乐播放器驱动开发实验

一、实验目的

1. 学习 Android 平台下智能手机实验开发系统音乐播放器驱动的相关知识

2. 了解 Android 平台中智能手机实验开发系统音乐播放器驱动开发的设计

二、实验内容

智能手机实验开发系统音乐播放器驱动的开发

三、实验仪器

1. 智能手机实验开发系统　　1 个

2. USB 线　　1 根

3. PC 机（USB 口功能正常）　　1 台

四、实验原理和方法

1. music 工程介绍

music 工程中的源代码包括 1 个文件 Music.java。

2. 驱动调用类的实现方法

主要用到 android.media.MediaPlayer 类，如图 7–23 所示。

android.media
类 MediaPlayer

java.lang.Object
 └ android.media.MediaPlayer

构造方法摘要

MediaPlayer()
  Default constructor.

方法摘要

`boolean`	`isPlaying()` Checks whether the MediaPlayer is playing.	
`void`	`pause()` Pauses playback.	
`void`	`prepare()` Prepares the player for playback, synchronously.	
`void`	`prepareAsync()` Prepares the player for playback, asynchronously.	
`void`	`release()` Releases resources associated with this MediaPlayer object.	
`void`	`reset()` Resets the MediaPlayer to its uninitialized state.	
`void`	`seekTo(int msec)` Seeks to specified time position.	
`void`	`setAudioStreamType(int streamtype)` Sets the audio stream type for this MediaPlayer.	
`void`	`setDataSource(Context context, Uri uri)` Sets the data source as a content Uri.	
`void`	`setDataSource(FileDescriptor fd)` Sets the data source (FileDescriptor) to use.	
`void`	`setDataSource(FileDescriptor fd, long offset, long length)` Sets the data source (FileDescriptor) to use.	
`void`	`setDataSource(String path)` Sets the data source (file-path or http/rtsp URL) to use.	
`void`	`start()` Starts or resumes playback.	
`void`	`stop()` Stops playback after playback has been stopped or paused.	

图 7–23

中文解释如表 7–1 所示。

表 7–1　android.media.MediaPlayer 类

方法名称	描述
public void start（）	开始或恢复播放
public void stop（）	停止播放
public void pause（）	暂停播放
public void setDataSource（String path）	从指定的装载 path 路径所代表的文件
public void setDataSource（FileDescriptor fd, long offset, long length）	指定装载 fd 所代表的文件中从 offset 开始、长度为 length 的文件内容

237

续表

方法名称	描述
public void setDataSource （FileDescriptor fd）	指定装载 fd 所代表的文件
public void setDataSource （Context context, Uri uri）	指定装载 uri 所代表的文件
public void setDataSource （Context context, Uri uri, Map<String, String> headers）	指定装载 uri 所代表的文件
public void prepare （）	预期准备，因为 setDataSource （）方法之后，MediaPlayer 并未真正的去装载那些音频文件，需要调用 prepare （）这个方法去准备音频
public void isPlaying （）	判断是否正在播放
public void release （）	释放相关该 MediaPlayer 对象的资源

3．music 代码流程

（1）创建 MediaPlayer 对象，通过 MediaPlayer 对象的 setDataSource（String path）方法装载预定的音频文件。

（2）调用 MediaPlayer 对象的 prepare（）方法准备音频。

（3）调用 MediaPlayer 的 start（）、pause（）、stop（）等方法控制音乐播放开始、暂停、停止、上一首和下一首。

（4）调用 MediaPlayer 对象的 release（）释放资源。

4．相关代码解析

（1）建立音乐播放列表，将音乐加载进去，变量声明，如图 7–24 所示。

```
public class Music extends Activity implements OnClickListener{
    public static final String TAG="MusicActivity";
    private List<File> allFiles = new ArrayList<File>();//播放列表
    public int mCurrentJMusic = 0;        // 当前播放的音乐
    public byte status;
    //变量声明
    private MediaPlayer mMediaPlayer = null;//MediaPlayer对象
    private TextView tv_play;
    private SeekBar volm_bar;
    private Button btn_play;
    private Button btn_stop;
    private Button btn_next;
    private Button btn_last;
```

图 7–24

（2）设置音乐文件的路径（用户可以根据自己的需要进行设置），并将制定的音乐文件设置显示到播放列表中，如图 7–25 所示。

```
int length;
String Path = "/storage/extSdCard/music";//音乐的路径

public void refreshFile(String path,String fileType,String fileType1){
    //取得指定位置的文件设置显示到播放列表
    File file = new File(path);
    File[] files = file.listFiles();
    if(null==files)
        return;

    for(int i = 0;i<files.length;i++){
        if(files[i].isDirectory()){
            refreshFile(files[i].getAbsolutePath(),fileType,fileType1);//注意这里的递归方法
        }else{
            if(files[i].getName().endsWith(fileType)||files[i].getName().endsWith(fileType1)) {
                allFiles.add(files[i]);
            }
        }
```

图 7-25

（3）构建一个 MediaPlayer 对象，设置好可以添加到播放器的音乐文件的格式，这里设置了 3 种：.mp3，.amr，.wma，如图 7-26 所示。

```
mMediaPlayer = new MediaPlayer();//构建MediaPlayer对象

initBar();
//refreshFile(getSDCardPath(),".mp3",".amr",".wma");
refreshFile(Path,".mp3",".amr",".wma");//可以添加的音乐文件的格式
length = allFiles.size();//音乐文件的数量
```

图 7-26

获取 SDCard 的路径，如图 7-27 所示。

```
public String getSDCardPath(){
    String sdPath = null;
    boolean hasCard = Environment.getExternalStorageState().equals(Environment.MEDIA_MOUNTED);
    if(hasCard){
        sdPath = Environment.getExternalStorageDirectory().toString();
    }else{
        sdPath = Environment.getDataDirectory().toString();
    }
    return sdPath;
```

图 7-27

初始化各种控件，如图 7-28 所示。

```
private void initView(){//初始化控件
    setContentView(R.layout.activity_music);

    btn_last = (Button) findViewById(R.id.btn_last);
    btn_last.setOnClickListener(this);

    btn_stop = (Button) findViewById(R.id.btn_stop);
    btn_stop.setOnClickListener(this);

    btn_play = (Button) findViewById(R.id.btn_play);
    btn_play.setOnClickListener(this);

    btn_next = (Button) findViewById(R.id.btn_next);
    btn_next.setOnClickListener(this);

    tv_play = (TextView) findViewById(R.id.tv_play);

    volm_bar =(SeekBar) findViewById(R.id.volm_bar);
```

图 7-28

（4）定义各种回调函数，如图 7-29 所示。

```
public void onClick(View v) {
    switch(v.getId()){
    case R.id.btn_play://点击"播放、暂停"按钮时回调
        if(allFiles.size()<=0) {//获得音乐的数目如果小于等于0,则显示没有歌曲
            Toast.makeText(Music.this, "没有歌曲", Toast.LENGTH_SHORT).show();
        }
        else{
            if(mMediaPlayer.isPlaying()){//如果正在播放则暂停
                mMediaPlayer.pause();
                status = 2;
                btn_play.setBackgroundResource(R.drawable.start);
                //更改按键状态图标
            }else{//如果没有播放则恢复播放
                btn_play.setBackgroundResource(R.drawable.pause);//更改按键状态图标
                if(status == 0){
                    status = 1;
                    playMusic(allFiles.get(mCurrentJMusic));
                }
                else{
                    mMediaPlayer.start();
                    status = 1;
                }
            }
        }
        break;

    case R.id.btn_next://点击"播放下一首"按钮时回调
        if(allFiles.size()>0){//获得音乐的数目如果大于0,则播放下一首
            nextMusic();
        }else    //如果音乐列表中歌曲为0,则显示没有歌曲
            Toast.makeText(Music.this, "没有歌曲", Toast.LENGTH_SHORT).show();
        break;
    case R.id.btn_last: //点击"播放上一首"按钮时回调
        if(allFiles.size()>0){//获得音乐的数目如果大于0,则播放上一首
            FrontMusic();
        }else    //如果音乐列表中歌曲为0,则显示没有歌曲
            Toast.makeText(Music.this, "没有歌曲", Toast.LENGTH_SHORT).show();
        break;

    case R.id.btn_stop://是否在播放
        if(mMediaPlayer.isPlaying()){
            mMediaPlayer.stop();
            status = 0;
            btn_play.setBackgroundResource(R.drawable.start);

            try {
                mMediaPlayer.prepare();
            } catch (IllegalStateException e) {
                // TODO Auto-generated catch block
                e.printStackTrace();
            } catch (IOException e) {
                // TODO Auto-generated catch block
                e.printStackTrace();
            }
        }
        else{
            if(status == 2){
                btn_play.setBackgroundResource(R.drawable.start);
            }
        }
        break;
```

图 7-29

（5）音乐播放。

播放当前的音乐，如图 7-30 所示。

```
private void playMusic(File file){
    try{
    mMediaPlayer.reset();//重置MediaPlayer
    //mMediaPlayer.setDataSource(file.getAbsolutePath()+File.separator+file.getName());
    mMediaPlayer.setDataSource(file.getAbsolutePath());//设置播放文件的路径
    mMediaPlayer.prepare();//播放文件
    mMediaPlayer.start();//开始播放

    tv_play.setText(allFiles.get(mCurrentJMusic).getName().toString());//显示播放歌曲名

    }catch(Exception e){
        e.printStackTrace();
    }
}
```

图 7-30

播放下一首音乐，如图 7-31 所示。

```
private void nextMusic(){
    if(++mCurrentJMusic>=allFiles.size()){
        mCurrentJMusic = 0;
    }
    if(status == 0){
        tv_play.setText(allFiles.get(mCurrentJMusic).getName().toString());
    }
    if(status == 2){
        status = 1;
    }
    if(status == 1){
        playMusic(allFiles.get(mCurrentJMusic));
        btn_play.setBackgroundResource(R.drawable.pause);
    }
}
```

图 7-31

播放上一首音乐，如图 7-32 所示。

```
private void FrontMusic(){
    if(mCurrentJMusic-1>=0){
        mCurrentJMusic = mCurrentJMusic-1;
    }
    else
        mCurrentJMusic =allFiles.size()-1;
    if(status == 1){
        playMusic(allFiles.get(mCurrentJMusic));
    }
    if(status == 2){
        status = 1;
    }
    if(status == 1){
        playMusic(allFiles.get(mCurrentJMusic));
        btn_play.setBackgroundResource(R.drawable.pause);
    }
}
```

图 7-32

（6）释放对象，如图 7-33 所示。

```
public void onDestroy()
{   //释放该MediaPlayer对象的资源
    mMediaPlayer.release();
    mMediaPlayer = null;
    super.onDestroy();
}
```

图 7-33

五、实验步骤

1. 导入工程并选择 Android4.2.2。此时屏幕的左侧会显示已经有工程导入 eclipse 中了。

2. 单击左侧的 music 文件夹，右键单击选择 "Run As"，选择 "Android Application"。

3. 在 5G 手机创新开发平台上观察实验结果，看手机屏幕上是否已经出现了音乐播放器这个应用软件。单击进去试验音乐播放情况，如图 7-34 所示。

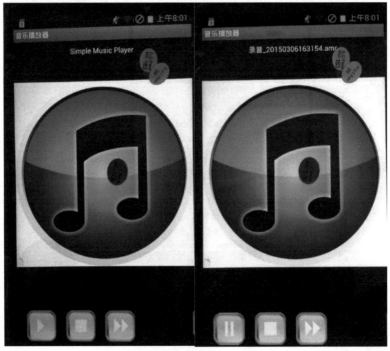

图 7-34

参考文献

［日］饭盛英二，田原干雄，中村隆治，2022．完全图解 5G［M］．陈欢，译．北京：水利水电出版社．

［英］维克多·G.布鲁斯卡，2023．Java 超能学习手册［M］．简一达，译．北京：清华大学出版社．

OPPO 研究院，2023．5G 技术核心与增强：从 R15 到 R17［M］．北京：清华大学出版社．

安辉，2018．Android App 开发从入门到精通［M］．北京：清华大学出版社．

陈威兵，2019．移动通信原理（第 2 版）［M］．北京：清华大学出版社．

冯武锋，高杰，2020．5G 应用技术与行业实践［M］．北京：人民邮电出版社．

何青，2018．Java 游戏开发实践——Greenfoot 编程快速入门［M］．北京：清华大学出版社．

李建东，2021．移动通信（第 5 版）［M］．西安：西安电子科技大学出版社．

刘卫光，夏敏捷，2021．从 Java 到 Android 游戏编程开发［M］．北京：清华大学出版社．

刘毅，2020．深入浅出 5G 移动通信［M］．北京：机械工业出版社．

欧阳桑，2022．Android Studio 开发实战：从零基础到 App 上线（第 3 版）［M］．北京：清华大学
　　出版社．

沙学军，吴宣利，何晨光，2022．移动通信原理、技术与系统（第 2 版）［M］．北京：电子工业出
　　版社．

王喜瑜，刘钰，刘利平，2022．5G 无线系统指南：知微见著，赋能数字化时代［M］．北京：机械
　　工业出版社．

魏然，果敢，巫彤宁，等，2021．5G 终端测试［M］．北京：科学出版社．

小火车，好多鱼，2016．大话 5G［M］．北京：电子工业出版社．

薛晓明，2010．移动通信技术［M］．北京：北京理工大学出版社．

张传福，赵立英，张宇，2018．5G 移动通信技术及关键技术［M］．北京：电子工业出版社．

张平，2021．第五代移动通信技术导论［M］．北京：中国科学技术出版社．

张睿，落红卫，李波，等，2019．移动智能终端技术与测试［M］．北京：清华大学出版社．

周圣君，2021．5G 通识讲义［M］．北京：人民邮电出版社．

周先军，2021．5G 通信系统［M］．北京：科学出版社．

周悦，2019．移动通信入门［M］．北京：电子工业出版社．